新 普洱茶典

杨中跃 著/摄影

云南出版集团

YNKJ 云南科技出版社

·昆明·

图书在版编目（CIP）数据

新普洱茶典 / 杨中跃著 . -- 昆明：云南科技

出版社，2011.3（2021.4 重印）

ISBN 978-7-5416-4520-4

Ⅰ．①新… Ⅱ．①杨… Ⅲ．①普洱茶—

文化 Ⅳ．① TS971

中国版本图书馆 CIP 数据核字（2011）第 043895 号

新普洱茶典
XIN PU'ER CHADIAN

杨中跃 著

责任编辑：吴 涯 龙 飞
责任校对：张舒园
责任印制：蒋丽芬

书　　号：ISBN 978-7-5416-4520-4
印　　刷：昆明美林彩印包装有限公司
开　　本：889mm×1194mm　1/16
印　　张：13.75
字　　数：374 千字
版　　次：2011 年 3 月第 1 版
印　　次：2021 年 4 月第 6 次印刷
印　　数：19501~23500 册
定　　价：198.00 元

出版发行：云南出版集团公司　云南科技出版社
地　　址：昆明市环城西路 609 号
网　　址：http://www.ynkjph.com/
电　　话：0871—64190978

导读

※ 重新解读普洱茶历史传说，从历史角度探讨普洱茶定义。

※ 探讨普洱茶制作各环节工艺对普洱茶品质的影响。

※ 系统介绍普洱茶品鉴方法与技巧。

※ 系统介绍各种普洱茶及 50 个古茶山茶叶的特征及品鉴方法。

※ 首次揭示月亮与普洱茶品质的关系。

※ 首次论述普洱茶是不发酵茶。发酵说的误导使普洱茶不会越沉越香。

※ 首次揭示普洱茶香气和茶气原理。

※ 首次揭示普洱茶变化原理和越沉越香的存茶秘密。

※ 论述了普洱茶不是越陈越香而是越沉越香。

※ 首次提出普洱茶分类中增加驯化型。

※ 论述了萎凋与普洱茶品质的关系。

※ 论述了普洱茶不同香型产生的原理。

※ 论述了乔木老树茶品质优于台地茶的原因。

普洱茶的魅力（代序）

看得见、摸得着、喝得到的千年普洱

云南澜沧江流域的普洱、西双版纳、临沧一带是世界公认的茶的发源地，被称为世界茶源。这里还保存着大量的野生茶树和野生茶树群落。有镇沅千家寨 2700 年的野生古茶树，有勐海巴达 1700 年野生古茶树，有临沧勐库大雪山野生茶树群落等。在临沧的凤庆、云县，普洱的景东等地保存着不少驯化型大茶树，有的已经有上千年的历史。澜沧邦崴 1100 年的古茶树被鉴定为过渡型茶树。在南糯山古茶园里有鉴定为 800 多年的栽培型古茶树。在普洱茶的原产区还保存了超过 50 个古茶园，其中澜沧景迈古茶园面积超过 10000 亩。

云南布朗族的祖先称为濮人，是中国公认的最早驯化、栽培茶树的民族，也是最早制茶的民族。根据景迈山缅寺傣文记载，景迈山 1300 前已经有茶园，而最新的说法是在缅甸找到了新的资料证明景迈种茶已经有 1800 年。这些丰富的实物资料在证明普洱茶原产区是世界茶源、证明普洱茶有悠久的历史的同时也给我们提供了看得见、摸得着、喝得到的千年普洱。这些上千年的古茶树、古茶园经历了千年的风霜，积攒了千年的能量和灵气，当我们去拜谒这些千年古茶，甚至有幸喝到这样的千年古茶的时候，它的千年能量和灵气似乎也可以让我们的灵魂穿越千年的时空，去仰视普洱茶的千年历史，去领略生命的真谛。

唐代茶圣陆羽撰写的《茶经》让我们可以看到当时中国茶业的发展，《茶经》中记载了当时的很多名茶，我们现代的普洱茶爱好者和研究者们常会因为《茶经》中没有关于普洱茶的记载而感到遗憾，其实不必遗憾，《茶经》中记载的名茶现在还有吗？如果有也只是和它们同名的它们的重重重孙吧。而我们普洱茶则不然，我们有唐代的、甚至比唐代更久远的古茶实物。如果要以制成的茶叶实物来说明，普洱茶也有 150 年以上的故宫贡茶和存于民间的上百年号级茶，而且是仍然可以喝的"古董"。

超过 50 个山头的茶韵茶味

在其他茶类中比较有名的强调茶韵的是武夷岩茶，武夷岩茶因其岩韵而著名，而普洱茶则一贯都强调山头韵。多样的气候特征，复杂的地形地貌，丰富的森林植被，充足的光照，优良的茶树品种造就了普洱茶，也造就了普洱茶的山头韵。普洱古树茶茶饼的多样及多层次的香气、茶汤的丰富而饱满的口感、长久而滑爽的回甘、悠长迷人的杯底香，这些是普洱茶特有的迷人魅力。普洱茶产区有超过 50 个古茶园，每个古茶园所产的茶叶其茶韵、茶味都有明显的区别。茶叶苦涩的程度、汤质的甜滑饱满、回甘的快慢强弱、茶饼茶汤杯底的香型香味都有各自的风味特征，如果再考虑上不同的存茶地点、不同的存茶方法所形成的各种口感滋味，普洱茶口感滋味的变化组合会有上千种。世界上不会有那一种茶叶有如此丰富的口感滋味。喜欢刚烈型的茶味可以选择老班章、老曼娥、章朗、那卡……，喜欢香甜柔美型的可以选择景迈、贺开、帕赛、迷帝……，喜欢甜滑型的可以选择易武、荞枝、国庆、东旭、黄草坝……

可以和你一同成长、成熟的普洱茶

普洱茶被称为可以喝的古董，它可以长期存放，存法得当可以越存越香、越存越好喝。一个爱茶的人，可以自己搜集普洱茶原料，自己制作或监制，自己存放。把自己收制的普洱茶存放起来后，每过一两个月拿出来看看它的变化，闻闻它的香气，泡上一壶亲自体验它的变化……从青涩到成熟……。人生的过程与普洱茶的成熟过程是如此相似……。但是，仿佛像一句古语：我生也有涯而普洱茶却无涯…。这会是普洱茶爱好者的心声吗？一个爱茶人如果从20岁开始存茶到60岁，人开始进入老年而普洱茶只是到了它的壮年，人到了80岁进入暮年而普洱茶也还只是算壮年……。有人说过一个爱茶人穷其一生也还是无法完全搞懂普洱茶。亲自收制、亲自存放、亲自冲泡品饮…10年…20年…30年…40年…50年…60年……。普洱茶与我们一同成长、一同成熟……。这也是普洱茶的独特魅力之一。

很好的保健功能

普洱茶是一种具有很好保健功能的饮料，这也是普洱茶的魅力之一。在中国的古籍中有很多关于普洱茶保健功能记载，如在《本草纲目拾遗》中记"味苦性刻，解油腻牛羊毒，虚人禁用。苦涩，逐痰下气，刮肠通泄。……普洱茶膏黑如漆，醒酒第一，绿色者更佳。消食化痰，清胃生津，功力尤大也。"日本、法国等国外科研机构和国内科研机构的研究证明普洱茶有很好的保健功能。在《普洱茶保健功效科学揭秘》一书中收录的研究成果证明，普洱茶在降血脂、降血糖、降尿酸、抗氧化、助消化等方面具有较好的保健功能。普洱茶是最适合现代人健康状态和保健需要的健康饮品。

独特的文化内涵

多民族的茶文化：普洱茶的原产区是一个多民族聚居区，布朗族、哈尼族、傣族、彝族、拉祜族、基诺族、汉族……。多民族为普洱茶的发展、为普洱茶文化作出了贡献。由于历史的原因每个民族都有自己独特的历史文化，这种独特的历史文化与普洱茶文化的结合就形成了丰富的普洱茶文化。中原、江南的茶文化也许是阳春白雪，普洱茶文化也许是下里巴人，但这个下里巴人一定是丰富多彩的……

悠久的茶马古道：普洱茶的原产区山河纵横、山高谷深，同外面的交流主要靠马帮，由于对外交流的物资中茶属于重要和大宗的商品，这条沟通普洱茶产区与外界联系的通道就被称之为茶马古道。上千年的古道已算不清走过了多少马帮、已数不清运出了多少茶叶、更记不下那许多赶马小伙与扑哨、金花的故事……

贡茶的地位：普洱茶的扬名天下与定为贡茶"瑞贡天朝"有很大的关系。从清雍正年间普洱设府，普洱茶年年上贡后普洱茶名声大振，六大茶山"入山作茶者十万"。据专家考证，清代各地贡茶前要先经皇帝对贡茶名册勾选，很多名茶有过没打勾入选的年份，但普洱茶每年都是打勾入选的。现在故宫内还有不少保存完好的普洱贡茶实物。

美丽的历史传说：特定的历史地理和文化原因使普洱茶原产区的茶的历史文化传说没有中原江南那么丰富，但是还是有不少关于茶的传说，如"诸葛亮兴茶""岩冷种茶"等，这些传说丰富了普洱茶文化。

丰富的实物历史：普洱茶拥有最丰富的实物历史，从野生茶、驯化茶、过渡茶到各种年份的栽培茶，从150多年的贡茶到号级茶、印级茶、饼级茶……。丰富的实物资料为普洱茶的研究和宣传提供了详实的资料和丰富的实物资源。

　　作为一个普洱人，普洱茶魅力更加让我着迷。沉迷于普洱茶十余年，从喝茶、品茶到研究茶，从收集各色普洱茶到收集各山头老树茶，从制茶方法的对比研究到存茶方法的对比研究，从品茶到冲泡技巧和普洱茶品鉴的研究，随着对普洱茶的认识的不断加深，也针对普洱茶市场的鱼目混珠现象和普洱茶宣传中的道听途说、人云亦云、凭空臆断现象，觉得有必要将自己的普洱茶研究的心得和成果与普洱茶的爱好者、研究者进行分享，于是从2006年开始撰写有关普洱茶的文字，2007年所撰写的《品鉴普洱》一书由云南科技出版社出版发行，从2009年起为《云南普洱茶·春夏秋冬》每期撰稿2~3篇，为了比较完整的展现这些年对普洱茶的研究成果，撰写成了《新普洱茶典》一书。

作　者
2011 年 1 月 8 日

目录

作　者

杨中跃，1960 年生于云南普洱县。国家级骨干教师、云南省特级教师、云南省学科带头人、云南省委联系专家。

1982 年毕业于云南大学。同年到普洱市一中任教。

1995 年开始研究普洱茶，2006 年发起成立普洱茶收藏协会，任副会长。

2000 年省政府授予"云南省有突出贡献专业人才奖"。

2007 年专著《品鉴普洱》由云南科技出版社出版发行。

《云南普洱茶春·夏·秋·冬》专家组成员，在《云南普洱茶》发表普洱茶文章十余篇。

2011 年获云南省教师功勋奖。

2011 年《新普洱茶典》由云南科技出版社出版发行，2012 年《新普洱茶典》获中国西部地区优秀科技图书二等奖，2013 年《新普洱茶典》评为全国百部优秀社会科学普及读物，同年《新普洱茶典》韩文版在韩国出版发行。

2012 年在云南电视台"云南讲坛"作了六集名为"普洱茶新说"的讲座。

2013 在韩国首尔茶博会作普洱茶专题讲座。

2014 年在西安茶博会上作"大师讲茶——杨中跃"的普洱茶专题讲座。

2015 年在普洱市电视台"普洱讲坛"讲六集普洱茶。

2019 年两次应邀到韩国作普洱茶宣传讲座。

联系电话：18808794455

QQ 邮箱：1259625965@qq.com

微信号：yangzhongyue312

微信公众号：yangzhongyue1202

杨中跃工作室：普洱市思茅区茶马古镇 A 区

工作室茶品购买微信：qiankuang312

工作室茶品购买电话：18508888880

一、重要名词阐释

（一）普洱茶

普洱茶是因地名得名的地方特种茶类，明朝因产于普洱（最早写作普耳，即今宁洱县）得名，清代设普洱府后因定为贡茶而名扬天下，当时普洱府辖区为宁洱县、威远厅、他郎厅、思茅厅、车里宣慰司。普洱茶原料是云南大叶种和历史上种植于当地的部分小叶种，经杀青、揉捻、日晒干燥后制成的散茶和紧压茶。保存得当可以长期存放而且在一定时间范围内可以越存越香、越存越好喝。20 世纪 70 年代出现的渥堆发酵茶属于普洱茶的一个新品种。

（二）普洱生茶与普洱老茶

普洱生茶指新制成未经存放熟化的普洱茶。普洱生茶与熟化后的普洱老茶，各有其不同的口感风味。普洱生茶更具活性及层次感，其中的乔木老树茶有山韵特征；熟化后的普洱老茶饮之滑顺，风味独特，有较好的保健功能。普洱茶存放熟化后的就是普洱老茶、普洱熟茶。渥堆熟茶出现后搅乱了普洱茶概念，只好把普洱生茶熟化后的叫"老生茶"。

新生茶　　　　　　　　老生茶　　　　　　　　渥堆熟茶

（三）渥堆普洱茶

1956 年三大改造完成后，大陆私人茶庄结束，存茶卖的方式也结束。因于香港人有喝老茶习惯，为了赚港币，70 年代初云南的茶叶科技工作者创造了渥堆发酵制作普洱茶的工艺，用加水发酵的方式加速普洱茶的熟化。渥堆普洱茶出现后就习惯把渥堆普洱茶称普洱熟茶，将未经渥堆发酵的称普洱生茶，但生茶存多年熟化后怎么叫？只好叫"老生茶"。只是一个逻辑性错误的词。准确的应该将老生茶称为普洱熟茶或普洱茶，将渥堆普洱茶称为渥堆普洱茶或渥堆熟茶。

（四）轻发酵茶

发酵指微生物参与动植物的分解的过程，属于外分解的范畴。发酵可以加速动植物的分解。渥堆普洱茶属于人为制造微生物活动条件让茶叶重发酵。轻发酵指因自然或人为的原因提供了微生物在茶叶中活动条件，发生了轻度发酵。轻发酵可以加速茶叶中物质能量释放，产生一定程度的外分解活动，因而加速茶叶的变化，如红化。但不论何种程度的发酵都会造成普洱茶的快速失香，使普洱茶失去越存越香条件，另外由于发酵就会霉变，因而发酵过程也是一个茶叶变质的过程。发生过轻发酵的茶，叶底会有软烂叶或黑硬叶。

轻发酵

轻发酵

（五）干仓

干仓应该包括广义与狭义的两种概念，广义的干仓指没有经过人为加湿的相对干燥的茶仓，可以是自然仓，也可以是相对密闭的闷仓。狭义的干仓是使用了干燥设备，人为地把湿度控制在一定标准下的茶仓。目前所说的干仓多数是广义的干仓。

（六）湿仓

湿仓指人为的选择或制造出的湿度较大的仓储环境。一般而言当空气湿度超过80%以后，如果再有较适合的温度条件，微生物就会活跃，茶叶就会长霉、发酵，就会加速茶叶的外分解和变化，让茶叶迅速变红、失香，发霉的部分叶底会变黑变硬直至木质化。做湿仓的方法包括把茶存在潮湿的防空洞，存在高温铁皮房，或在茶仓人为加湿等。湿仓放的茶会有明显的霉变痕迹，闻之有霉味或刺鼻异味，如果退仓退得好闻不出异味时叶底也会有黑硬叶或软烂叶，饮后口腔咽喉会发干、发苦。

（七）自然仓

自然仓指不经人为的调控温、湿的仓储。自然仓所存茶叶的品质受仓储地方气候条件决定。在高温高湿地方根据温度、湿度的不同，自然存放茶叶会有不同程度的轻度发酵和霉变的问题。在高温低湿地区茶叶变化会比较快且比较好。在低温低湿地区茶叶变化会比较慢但品质会比较好。但自然存放的茶叶失香是共同存在的问题，只是湿度越大失香越快。

（八）乔木与灌木

这种划分是目前一些茶书、茶文章中出现的划分法，实际上作为茶树都属于乔木。只是当台园茶大量出现后由于在普洱茶原产区内还保存了不少成高大乔木状生长的老茶

自然仓

台地茶园

树，两种茶树的生长状态、品质存在较明显差别，为区分方便人们习惯上把乔木状生长的叫乔木茶，将树龄数百年的叫乔木古树茶，将矮化修剪的、成台梯状分布的叫台地茶、灌木茶。这不是科学的植物学分类法，是民间习惯性划分法。

（九）放荒茶、荒野茶

特指生长于荒野，人工栽培，但基本没有人工管理的茶。这类茶有的是数百年前种植后因各种原因无人管理与森林共生，融入莽莽丛林之中，近年由于普洱茶市场的发展，很多已经从森林中清理出来，开始加强了人工管理，这种茶生态好、树龄长、采撷量少，所以品质相当好。还有一种是几十年前种

放荒茶

矮　化

植后就基本没人管理后成小乔木状生于山野，不修剪。这类茶由于长于山野、采撷量少品质比较好，但由于树龄短，其内含物质和茶气等不如乔木老树茶。近些年随着茶叶市场发展，荒野茶、放荒茶由于加强了人工管理而改变了生长状态，真正的荒野茶、放荒茶已经很少了。

（十）乔木老树与矮化老树

乔木老树指成高大乔木状生长的老茶树，树龄多在百年以上。矮化老树指80年代后为了增加产量、方便采撷而矮化成灌木状的老茶树，矮化后由于每年多次修剪让芽头增多，产量增大，采撷量大必然导致茶叶中内含物质减少，茶叶品质下降。如果矮化后还清光森林，加施化肥、农药则品质更差。

（十一）野生型、驯化型、过渡型、栽培型

野生型指从未经人工栽培驯化过的野生茶，在普洱茶原产区的高山密林中现在仍有很多野生型茶树。野生茶由于没有

驯化型

经过人工驯化，茶叶内保存有较多对人体有害的有毒物质。但由于在一些介绍普洱茶的书籍和文章中把栽培型乔木老树茶误称为野生茶，结果误导很多人盲目的采收野茶。

驯化型指茶树本身是野生茶，但由于毒性不大，生长于村旁，当地人长期采撷制茶饮用，长期的采撷后茶树的毒性会被分散弱化，其植物生态和制成品保留了大量的野茶特征，属于处在驯化过程中的茶树。这类茶主要分布在景东、云县、凤庆一带。

过渡型指野生茶向栽培茶过渡的茶树，其植物生态方面仍保留了一些野生茶特征，但茶树及成品已经更接近栽培型茶树，属于野生茶或驯化型的一代或数代的栽培过渡茶树。以澜沧县邦崴过渡型大茶树为代表。

栽培型指经过人工多代驯化以后品系相对稳定，制成品已无毒性，适宜人们饮用的茶树。

（十二）大叶种与小叶种

在茶种分类上，有一种根据茶叶叶片面积划分的方法，习惯上将叶片面积在 20 平方厘米以下的称小叶种，20~40 平方厘米的称中叶种，40~60 平方厘米的称大叶种，60 平方厘米以上的称特大叶种，这种划分仅从叶面积来划，没考虑其植物学的其他因素，如果考虑到茶种、茶叶内含物质、茶树变异等因素，中叶种主要是大小叶种的变异，特大叶种应属于大叶种。大叶种是云南特有种，小叶种则分布较广。云南大叶种与小叶种在内含物含量上、口感滋味上、耐泡度上存在明显差异，大叶种优于小叶种。在普洱茶原产区的古茶园中有多个古茶园中大叶种、小叶种并存，例如倚邦、莽枝、革登、娜卡、困鹿山、黄草坝等。过去曾有专家认为古茶园中的小叶种是大叶种的自然变异，但从其生态特征、口感滋味、耐泡度等考察，差异十分明显，因此古茶园中的小叶种应该属于早年外省引入品种。

小叶种

（十三）普洱府

为配合雍正皇帝的改土归流政策，云贵总督鄂尔泰奏请雍正同意，于雍正七年（1729 年）设立了普洱府，普洱府辖宁洱县、威远厅、他郎厅、思茅厅、车里宣慰司。车里宣慰司本辖有十二版纳地，设普洱府时将江内六版直接划归普洱府思茅厅管辖。

（十四）六大茶山

六大茶山主要分布于原车里宣慰司所辖的江内六版纳地，六大茶山现在比较公认的是攸乐、革登、莽枝、倚邦、蛮专、易武。但在历史记录上有几种说法，一说是：倚邦、架布、嶍崆、蛮专、革登、易武。还有：倚邦、攸乐、革登、莽枝、蛮专、曼撒。在现在的习惯划分上，曼撒并入易武，嶍崆、架布并入倚邦。

（十五）动植物的分解

动植物的分解作用是动植物产生以后在上亿年的进化过程中形成的一种生态平衡功能，是指在动植物死亡后其机体内的物质分解为原来物质的过程，这一功能维持了地球上的生态平衡，避免了地球上堆满动植物的尸体。分解过程包括内分解与外分解，动植物分解的完成是内外分解相互促进的过程。外分解指由外界的动物、微生物等对死亡的动植物通过啃食消化或微生物发酵等方式让动植物尸体散发能量、分解复原为原来物质。内分解指动植物内部进行的分解活动，在有外分解条件时内外分解协同作用完成分解，在缺乏外分解条件时，分解由内分解独自进行，内分解的动力源目前公认的是酶。在酶促作用下，动植物内部发生激烈的生化反应，其内部物质以能量释放的方式释放到空气中，就茶叶而言，香气散发就是最直观的能量释放方式，在香味释放过程中茶叶的内含物在生化作用下变成气味、热量等释放出来，导致茶叶苦涩下降、重量变轻。但如果没有外分解的参与，仅靠内分解的进行分解无法彻底完成，例如茶叶的纤维质就难于分解完，上百年的老茶其内含物已大量分解，使茶叶近于无味，但木质化部分仍然存在。

（十六）发酵

发酵指微生物对动植物机体的分解过程，属于外分解。在有充分水湿和温度、氧气条件下，发酵速度很快。人们可以人为控制发酵过程，中止发酵以得到所需的物品，如渥堆熟茶、臭豆腐、腌肉等。渥堆熟茶如果在发酵过程中不中止发酵让其继续进行，茶叶就会完全分解。发酵过程中的能量释放强烈和快速，能量释放主要以热量散发等方式进行，因而凡是发生过任何发酵程度的茶叶，很难再有好的香味释放。因此要想得到有好香味、好品质的茶叶一定不能让微生物参与发生发酵。

（十七）酶促作用

酶，英文名enzyme，以蛋白质形式为主存在，按国际惯例分为六大类，有数千种之多，大量存在动植物细胞中，过去曾有较长一段时间把酶称为"酵素"，认为酶的作用是一种发酵作用，但现在已证明酶的作用是内部催化作用而不是发酵作用，"酵素"的说法已不再使用。动植物死亡后在一定的水分、湿度、温度条件下酶的活性会激发，在酶的催化下动植物内部发生激烈的生化反应，动植物体内积累的能量开始大量释放，以达到完成动植物分解的过程。能量释放中发出气味就是能量释放的方式之一。在茶叶的变化中，如果有微生物参与会出现外分解与内分解协同进行的情况，分解加速进行，这种情况以黑茶和渥堆普洱茶为代表。如果没有微生物参与发酵则茶叶主要靠内部酶的催化作用促成茶叶内部快速的生化反应，加速茶叶的变化。乌龙茶与红茶在高温烘干前的变化就是酶促作用的结果，没有微生物参与发酵。高温烘干后，烘干时的高温基本中止酶的活性，茶的变化会减缓或中止。普洱茶由于没有高温烘焙这一过程，酶促作用可以长期进行。普洱茶生茶的变化不需要微生物参与发酵，只需茶叶内部酶促作用就可以完成变化，而且没有微生物参与，仅靠酶促变化的普洱茶才会"越存越香"，才会存得高品质的老茶。

（十八）黑茶

黑茶是中国茶中的一类，过去中国茶的分类由于受渥堆普洱茶的影响，将普洱茶定义为黑茶。黑茶的制作工艺是：杀青、揉捻、渥堆发酵、干燥、紧压。代表产品是广西的六堡茶和湖南的茯砖茶。渥堆普洱茶的工艺是：杀青、揉捻、晒干、渥堆发酵、干燥。其制作工艺有异。最关键的是渥堆普洱

茶是 20 世纪 70 年代才出现的新产品，是传统普洱茶的一个衍生品，在普洱茶之名已用了数百年后因新衍生的渥堆熟茶工艺近似于黑茶，而把普洱茶划定为黑茶不但违背了历史，也违背了科学，甚至也违背了基本的常识。

（十九）号级茶

在 1956 年"三大改造"完成前，普洱茶的生产主要由私人茶庄、茶号进行，因此习惯上把 1956 年前的普洱茶统称为号级茶。

（二十）印级茶

1956 年"三大改造"后，普洱茶改为国营茶厂生产，在 50 至 60 年代所生产的普洱茶饼的包装纸上中间是八中茶商标，上面是繁体字的"中国茶叶公司云南省公司"，下方是繁体字"中茶牌圆茶"，字序均是倒排。由于八中茶商标中的茶字是手工加盖，因印色之别有红印、绿印、黄印，这期间的茶称为"印级茶"。

（二十一）饼级茶

从 1972 年起"中茶牌圆茶"停用，开始改称"云南七子饼茶"，上面文字为"云南七子饼茶"，下有英文，中间是八中茶商标，下面文字为"中国土产畜产进出口公司云南省茶叶公司"，下面同样有英文，八中茶商标中间的茶字同样是手工加盖，因印色不同有红印、黄印、绿印、水蓝印之分，从此开始"饼级茶"时代。

（二十二）晒青与烘青

晒青是普洱茶制作中重要的一个环节，也是形成普洱茶可以长期存放并且可以越存变得越好的重要条件，由于普洱茶的干燥使用的是最符合自然界变化规律的日晒，其温度和日光一方面有利茶叶内酶活性发挥同时又杀死了微生物，日晒干后的茶体水分正处于既有利茶叶内酶活性发挥又让微生物无法作用的水分量。日晒是普洱茶有别于其他茶类的重要工序，习惯上将日晒干燥的茶叫晒青，将锅炒干燥的叫炒青，烘房干燥的叫烘青。烘青、炒青就是绿茶。炒青和烘青在干燥时的高温一方面中止了绝大部分酶的活性，同时又将茶体水分减少到很低标准，茶叶的变化就基本中止，存几十年的烘青茶其汤色和口感基本不变，因此烘青、炒青是不宜长期存放的，因为长期存放后烘、炒形成的香味散失，已没品饮价值。晒青茶如果在毛茶干燥和压饼干燥时发生了高温烘干，也会影响酶的活性，同时由于水分过低，出现绿茶化，不利后期变化。

（二十三）泡条与紧条

对茶叶的充分揉捻有利于茶叶内含物质的浸出，也有利于普洱茶的后期变化。经过充分揉捻后的茶叶，条索显得较紧结

泡条

紧条

而称为紧条，如果揉捻不足，条索显得粗泡的称泡条。泡条是为了模仿号级茶的粗老条型而产生的做法，不宜提倡。

（二十四）越陈越香与越沉越香

越陈越香曾作为普洱茶的一个定义式的词而广泛流传，但"陈"字使用很不准确，使用陈字会让人认为普洱茶是陈旧的，存放只需陈放，随意放置就可以。这会误导人们对正常普洱老茶香味的判断，误导普洱茶存储方法。普洱茶如果存法得当在一定时间范围内是可以越存越香的，普洱茶之所以可以"越香"，关键在于存法。存法得当，茶叶不断散发的香味会沉积在茶叶中，3年之后茶香就可以泡入汤中，3年以后随着沉积香味增加茶饼和茶汤香味会不断增加，因此使用"越沉越香"更为准确。

（二十五）普洱茶具与普洱茶艺

普洱茶诞生于远离中原文明中心区的西南蛮荒之地，由于历史的原因普洱茶一直没有形成一个完整、合理、成熟的茶具系列和茶艺系列。20世纪90年代普洱茶开始被人们广泛认识后，人们开始使用市场上现成的以乌龙茶具为主的茶具来泡普洱茶，而茶艺也更多是从乌龙茶艺演变而来，虽然近年来也有对普洱茶具、茶艺的研究，但目前尚无完全成熟的体系。在普洱茶具与茶艺研究方面不必急于求成，可以不断探索改进，更不必急于去制定什么标准。作为普洱茶的茶具，关键

是要能充分展示普洱茶的魅力。普洱茶的特点一是香，要品香、闻汤香、闻杯底香，二要品滋味，三要赏汤色。因而普洱茶具要求的条件第一要让香气充分发挥，二要便于闻香，三要便于观色。另外普洱茶老茶与新茶冲泡还需要有水温的控制，老茶水温越高越好，新茶要适当降温。能照顾到以上这些特征的茶具就是好茶具。至于普洱茶艺要照顾到几个方面：一是要展示普洱茶本身的特性，二要展示地方民族风情，三要展示普洱茶古老的历史，高旷的山野气韵，古茶树丰厚的茶韵茶气。能够把几个方面都照顾得很好的茶艺就是好普洱茶艺。

（二十六）山野气韵

山野气韵是在拙作《品鉴普洱》一书中首先提出的一个用于形容乔木老茶树特征的词。普洱茶原产区保留了许多生长于山野的高大乔木状的栽培型老茶树，良好的生态环境和古老的树龄让这些古茶树吸取了大量的天地精华，使茶叶的茶气、茶味、茶香更加的优美而强烈，茶汤甜滑、耐泡，尤其是茶饼、茶汤、杯底香的强烈而持久充满了迷人的魅力，而茶香的多香型多层次更是带有神迷的魅惑。武夷岩茶以其岩韵迷倒众多茶人，而普洱茶产区超过50个古茶园，超过50个山头韵味和魅力让普洱茶更是魅力无限。

二、普洱茶的历史与历史上的普洱茶

（一）普洱茶的历史演进

普洱茶是中国茶中的一种地方特种茶类，是在历史长河中积淀下来的中华古老文明中的一朵奇葩，由于普洱茶原产区与中原文化发达区的万水千山之隔，普洱茶这朵奇葩直至明清时期才被认知，这就让人们对普洱茶的历史文化的认识带来了很多的不足与误区，近年来，随着人们对普洱茶认识的加深，普洱茶的影响力在逐年提升，2007年普洱茶成为当年中国的三大热词之一：股票、房奴、普洱茶。

由于历史的原因，当普洱茶名声远扬的时候，人们对普洱茶的认识仍是模糊不清的，因此很有必要对普洱茶定义作一番探讨。

1. 传说的普洱茶史

普洱茶产生于澜沧江中下游，这些地方由于历史的原因，留下的有关普洱茶的可考证文字几乎是凤毛麟角，因此就必须从普洱茶的传说中去寻找一些资料，但对这些传说最好的处理方式应该是：认真鉴别、可作参考。

在普洱茶的传说中，影响最大的就是孔明兴茶之说。清道光《普洱府志》卷十二记："旧传武侯遍历六茶山，留铜锣于攸乐、置铓于莽枝、埋铁砖于蛮砖、遗梆于倚邦、埋马镫于革登、置撒袋于慢撒。因此名其山，又莽枝有茶王树，较五山茶树独大，相传为武侯遗种，今夷民犹祀之。"诸葛亮征南中之事，据历史记载：建兴三年（公元225年）二月诸葛亮大军出成都南下，乘船顺水到乐山，之后"五月渡泸"，渡金沙江进入今云南区域，之后"七擒七纵"孟获，平定南中，到十二月还成都。关于诸葛亮在云南区域内的具体活动时间无史书有具体记录，但从二月出师，五月渡金沙江，中间还顺流乘船用了近三个月，诸葛亮大军再渡金沙江回到成都由于是逆流，所用时间不会少于三个月，则诸葛亮大军在今云南境内活动时间不会超过四个月。据专家考证，诸葛亮七擒孟获的地点在曲靖一带，三国时云南的交通条件不如四川，诸葛亮大军从成都走了一段水路后到金沙江用了三个月，照此速度既要行军又要打仗，其大军从金沙江到曲靖时间也需要一二个月，从曲靖再回到金沙江边又要一二个月，照此时间推理，诸葛亮大军只有一个月左右时间在曲靖一带活动，还要"七擒七纵"孟获，从时间上推断诸葛亮只可能到过曲靖一带，而且在曲靖一带也没有停太长时间。因此说诸葛亮到过保山，到过思茅，到过六大茶山从时间上就是不可能的。既然诸葛亮只可能到过曲靖一带，那么为什

么在云南很多地方都有诸葛亮到过的传说呢？这里面应该有两个原因，一个是诸葛亮平南中用的是攻心战术，因此颇受云南人爱戴，其二应该是名人效应。

在中国历史上借用、假托某位历史名人为自己服务，为某件事服务的例子很多。例如《黄帝内经》，公认是战国时写成的医学著作，但为了提升其权威性，假托是黄帝所作。秦汉时又有人写了一部药典，又托神农之名，叫《神农本草经》。云南澜沧江流域是茶的故乡，其栽培饮用茶的历史还在诸葛亮之前，但由于交通不便、文化落后等原因，普洱茶这朵奇葩一直藏于深山，孤芳自赏，没有被广泛认识，尤其是没有被中原文化中心的文人雅士所识。直至清皇帝将其定为贡茶后，那朵藏于深山的奇葩才大放异彩，丑小鸭变成了美丽的天鹅。突然之间普洱茶出了名，六大茶山出了名。出了名，赚到了钱之后要干什么？看看我们今天就知道了，要做宣传，要做文化。要宣传首先就涉及普洱茶起源的问题了，"普洱茶要找一位伟人作祖先"，这必然是当时普洱茶产区文化人的共识。找谁？第一这个人必须是云南人，至少是到过云南的人。二这个人必须要很有名而且名声要好。三这个人必须要比较古老才符合普洱茶历史悠久的事实。当年在筛选这个人时一定不会像今天这样搞什么专家投票、大众投票，但一定有过共识。其实不管是在当时还是现在，要找一个符合那三项条件的人，没有一点悬念首选诸葛亮。孔明兴茶其实是一种希望、一种传说而不是史实。当我们把这个传说仅仅只看作一种传说再去看相关事实时，一切都变得很清晰。其一，孔明兴茶较完整的说法比较早出自道光《普洱府志》，在此之前有零星的"茶山有茶王树""传为武侯遗种"的记载，但这些记载与传说都出现在普洱茶定为贡茶之后，在定为贡茶之前不见有孔明兴茶的任何传说记录。其二，六大茶山之名都来源于当地少数民族语言，用同音字写成汉字地名，当年编传说之人很牵强的用了这些发音去套上"锣""铓""铁砖""木梆""马镫""撒袋"。如果说真有遗物，锣、铓、马镫似乎说得过去，铁砖、木梆、撒袋则牵强得太过了。

关于普洱茶的另一个传说是布朗族的叭岩冷兴茶之说。按景迈山芒景村布朗族的传说，叭岩冷是他们的祖先，也是布朗族的头人。传说叭岩冷死前留下遗训：留下金银财富会有用完之时，留下牛马牲畜会有死亡之时，唯有留下茶种方可让子孙后代取之不竭，用之不尽。澜沧江流域是公认的茶的起源地，布朗族的祖先濮人是最早驯化野生古茶和栽培茶树的民族，叭岩冷也就成为已知最早有名有姓茶祖。由于是历史的传说，叭岩冷生活的年代目前尚难于考证。在中国古代很长时间以来从西双版纳到德宏州的沿边一带，傣族是经济文化最先进的民族，也是势力最大的民族，他们在历史上曾建立过自己的政权，从元朝以后又成为中原王朝册封统治当地的土司，这一带的其他民族基本上是在傣族统治之下，傣王一般会将一些民族首领封为"叭"（发音pia，字典无此注音的字）的世袭土官，按其等级有"大叭""二叭""三叭"之分。"大叭"受封时傣王赐给的信物中最重要的是一把金色大伞，因此最大的"叭"也叫金伞大叭。叭岩冷的"叭"就是傣王封的叭，他的名字是岩冷，而且是被封为"金伞大叭"。景迈山布朗族先归西双版纳的车里宣慰司管理，后来在清乾隆年间车里宣慰司在孟连宣抚司的支持下打败景栋土司，车里宣慰司为表示对孟连土司的感谢把女

岩 冷

儿嫁给了孟连土司召贺罕，并将景迈茶山作为陪嫁给了孟连土司，因此布朗族金伞大叭的受封和上贡都转到了孟连土司。金伞大叭的后人现在仍在景迈山种茶、做茶。

普洱茶是普洱茶产区当地居民驯化而成的说法是可信的，最早驯化栽培古茶树的当然不一定只有古濮人，也会有古代当地的其他民族。现在在澜沧有邦崴千年过渡型古茶树，在景东县、云县、凤庆有多个点分布着树龄古老的驯化型古茶树，这些古茶树具有野茶的大量特征，但同时又长期被当地居民采撷制茶饮用。

有关普洱茶传说之二是濮氏贡茶之说。此传说近几年突然之间就在书刊、网络上大肆转载，流传甚广。这个传说的大意是：在普洱府宁洱县有一濮氏茶庄，因其茶品质优良名声大而定为贡茶，在乾隆年间某年贡茶时，因濮氏老庄主生病，少庄主代父制贡茶并上京进贡。少庄主为赶时间会情人而将尚未晒干的毛茶压成了团茶，加之进贡途中三个多月的日晒雨淋，贡茶到京时发现茶已发酵变成褐色，少庄主怕犯欺君之罪上吊自杀被救下，只好冒险进贡。乾隆帝在品鉴各地贡茶时，发现该茶"汤色红浓明亮""醇厚香味直沁心脾""喝之绵甜爽滑"因而龙颜大悦，厚赐了濮少庄主，并将此茶赐名为"普洱茶"。可惜这个美丽的传说犯了若干的常识性错误，由于犯的是常识性的错误而且还是"若干"，因此这个传说不会是历史上产茶之地的古老传说，应该是当代不懂普洱茶但善于编故事的人所杜撰的"故事新编"。稍有一点普洱茶知识的人都知道，普洱茶要达到"汤色红浓明亮""香味醇厚""绵甜滑爽"的程度，必须要存放不少于30年，而且这30年的存放中不可光照、不可受潮、不可有异味，否则都无法达到"汤色红浓明亮""香味醇厚""绵甜滑爽"的程度。这个故事中少庄主用未干毛茶压团茶是第一个常识错误，普洱茶制作工艺中毛茶晒干后还有一个继续脱水过程，习惯上称为"发汗"，少庄主要赶时间也不可能将未干毛茶直接压成紧茶，这是常识。其二，如果真是将未干毛茶压成了紧茶又马上包装起来，茶叶在之后几个月的变化中不是变成褐色而是发霉变质，到时看到的是长满绿霉的团茶。其三，如果毛茶是干透的，只是在三个多月的途中"日晒雨淋"而受潮，如果受潮程度不重，茶会有一些霉味，但不一定变质变色，如果受潮程度很重茶会发酵变质，那时的茶饼会出现黑霉，汤色发黑发浑，有严重酸苦异味。如果受潮程度中等则茶会发生轻度发酵，轻度发酵后的茶饼会变色并有少许霉斑，汤色变红但不会明亮，饮之有突出的发酵异味，苦涩加重，有的还会有酸味。如果有人想体验这种发酵度的滋味去找渥堆熟茶发酵至第一到第二次翻堆的茶来泡饮就知道了，简单地说这种发酵度的茶是极难喝的。所以三个月发酵不论发酵程度如何绝对不会有"汤色红浓明亮""醇厚香味直沁心脾""喝之绵甜滑爽"的情况出现。因此如果濮氏贡茶真的发生了不同程度的受潮发酵，则后果只有一个：欺君之罪，满门问斩。自然更不会有乾隆赐名普洱茶之说了。其实普洱茶一名明朝已有何须乾隆赐名？这是该传说的又一常识性错误了。

2. 有文字记录的普洱茶史和可考证的普洱茶史

普洱茶起源地毕竟距离中华文化中心地区太遥远，交通不便及万水千山之隔使普洱茶的文字纪录非常贫乏，在少得可怜的文字记录中，还有不少是内地文人道听途说，以讹传讹的记录，所以并非所有普洱茶的文字记录的历史都可以作为信史，也需要甄别。

（1）公认的最早普洱茶产区的文字记录《蛮书》

唐樊绰于咸通四年（公元863年）撰写的《蛮书》记录了很多云南的历史文化，其中在《蛮书·云南志·管内物产卷七》中记："茶出银生城界诸山，散收，无采造法，蒙舍蛮以椒、姜、桂和烹而饮之。"这是目前公认的普洱茶产区的最早文字记录，因而被广泛引用。如果我们冷静地来看樊绰的记录，仍有需要甄别讨论的问题。公元862年统治云南的南诏国出兵攻打安南（即越南，当时归属唐统治，唐政府在安南设有统治机构），唐政府派蔡袭继任安南经略使，樊绰是蔡袭幕僚。为了知己知彼，了解南诏情况，樊绰受命收集南诏资料并于863年写成《蛮书》，也就在同一年南诏攻占安南，蔡袭战死，樊绰逃走。樊绰其实并没有到过云南。因此对于《蛮书》关于茶的记录 也需要进行甄别讨论。其一，书中所说"茶出银生城界诸山"应该是可信的。"银生"即银生节度，治所在银生城（今景东县城），辖区包括了今普洱市、临沧市一部、西双版纳州等地，这一带正是现在公认的茶的起源区域。《蛮书》只说"茶出银生城界诸山"，没说源自何时，但至少是唐代以前，例如景迈山种茶过去的说法已有1300多年，而新找到的用傣文写的经书记录布朗族1800多年前已在芒景建村和种茶，这当然还需专家认真考证。其二，说"散收，无采造法，蒙舍蛮以椒、姜、桂和烹而饮之"。关于"散收，无采造法"应该是属于道听途说了。在澜沧江流域有很多古茶山，这些古茶山规模大，树龄老。以景迈山为例，现在可以采撷的面积超过一万亩，按照布朗族的传说种茶已有1800多年，这么古老而广大的茶园如果"无采造法"是不可能形成的。至于"蒙舍蛮以椒、姜、桂和烹而饮之"那只是一部分人的饮法，并不代表普洱茶产区的饮茶法。蒙舍蛮即南诏国的统治民族，南诏统一前在洱海周围有六诏（六个小王国），南面的蒙舍诏也称南诏，其民族属于当时称"乌蛮"的一部分，其他五诏的民族都是"白蛮"，后来南诏统一其他五诏建南诏国并先后征服今云南大部分地区。"蒙舍蛮"是当时"乌蛮"的一支，是南诏国的统治民族，所饮之茶应该是来自"银生城界诸山"的古老的普洱茶，只是在饮用时有加上椒、姜、桂煮饮的习俗。现在大理白族的三道茶饮法应该起源于此。

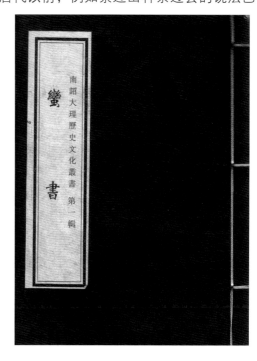

（2）明代普洱茶因"普洱"地方而得名

明万历年间谢肇淛《滇略》记："士庶所用皆普茶也，蒸而团之"。明末成书清初发行的方以智所撰《物理小识》记："普雨茶蒸之成团，西番市之"。明万历《云南通志》记：由景东行一日至镇沅府，又行二日始达车里军民宣慰司之界"行二日车里之普洱，此处产茶。一山耸秀，名为光山。有车里一头目居之"。明代所说的普洱是指现在宁洱县，而"光山"即县城西边的今称西门岩子的石灰岩山峰，普洱一名来源于少数民族语，由于这一地区历史上少数民族迁徙等原因，"普洱"是什么民族的称呼，是什么意思已无法考证，因此现在对"普洱"一词出现多种解说就不足为奇了。从史书记录看，宁洱县元代以前称"步日部"，元代称普日思摩甸司，明洪武年间称普耳，明万历年间始有普洱写法。从明朝到清初归车里宣慰司管辖。根据《滇略》《物理小识》《云南通志》的记录，普洱茶是因产于普耳或普洱而得名，明代的普洱只是指现在的宁洱县。现在宁洱县凤阳乡宽宏村的困鹿山、勐先乡雅鹿村，把边乡白草地梁子，黎明乡岔河村等地仍有栽培型古茶树群。困鹿山古茶园虽因农垦而有破坏，但仍遗留下三百多株古茶树，其中最大一株大叶种茶树高8米，最大干围150厘米。困鹿山古茶园古茶树高大而苍老，在一个只有几亩地的空间集中了这么多高大而古老的古茶树在其他古茶山也是很罕见的。

因此"普洱茶因普洱府得名"，"因在普洱府集散得名"
这些说法都是不对的。普洱茶是因普洱地方得名，且源
自明代，普洱地方就是现在的宁洱县。清代雍正年间为
加强对云南南部少数民族地区管理设普洱府，普洱府就
因其治所设于普洱而得名，设普洱府后，原普洱只好改名宁洱县了。

至于现在网络及一些文章多引用一本叫《茶王赋》所讲的：普洱茶产于普洱山，普洱山就是宁
洱县城边的西门岩子，山上有大量古茶园在1958年大炼钢铁时全部砍来炼钢铁了。《茶王赋》是一
部文学作品，不是历史书，西门岩子古茶园在大炼钢铁被砍光的说法没有文字和实物资料证明。

（3）清代普洱茶因普洱府置办贡茶而名扬天下

普洱茶源于明代，明朝时普洱茶在云南省内和藏区已经是名茶了。"士庶所用皆普茶也""西
番市之"即是证据。但让普洱茶名扬天下还是在清朝设普洱府后。

从元朝开始中央政府结合边疆少数民族地区实际，委任当地少数民族首领为官管辖地方，可以
世袭。因其机构往往称："长官司""宣慰司""宣抚司"，同时又是由土著任职，因而将这种管理
制度称为土司制度，由于土司可以世袭，权力很大，会威胁中央集权，因而从明朝开始在云、贵、川
设土司的地方开始改土归流，即由中央委派可以流动（调动、不世袭）的官取代世袭土司。清雍正皇
帝利用其父康熙平定吴三桂的有利条件在西南地区大规模推行改土归流。正是在这样背景下云贵总督
鄂尔泰奏请雍正同意，于雍正七年（1729年）设立了普洱府。普洱府辖宁洱县、威远厅（今景谷）、
他朗厅（今墨江）、思茅厅（管辖今思茅区及六大茶山）、车里宣慰司。车里宣慰司本来管辖十二版

纳地，设普洱府时将江内六版纳归普洱府直接管辖，车里宣慰司辖区只剩下江外六版纳。普洱府成立的同年在思茅设茶叶总店负责管理六大茶山茶叶贸易及相关贡茶事宜。

据考证清代最早将普洱茶进贡清宫廷始于康熙年间，到普洱府设置之后，进贡普洱茶成为云南省的一项政治义务。

据倪蜕《滇云历年志》记："雍正七年己酉，总督鄂尔泰奏设总茶店于思茅，以通判司其事"。

吴大勋《滇南闻见录》记："团茶产于普洱府之思茅地方。茶山极广，夷人管业，采摘烘焙，制成团饼，贩卖客商，官为收课。每年土贡，有团有膏。思茅同知承办团饼，大小不一"。

金瓜贡茶

《清朝通典》记："茶课，凡商贩入山制茶，不论精粗，每担给一引，每引客征纸价银三厘三毫……云南行三千引，额收银九百六十两"。

阮福《普洱茶记》记："普洱茶名遍天下，味最酽，京师尤重之。福来滇，稽之《云南通志》亦未得其详。但云产攸乐、革登、倚邦、莽枝、蛮专、慢撒六茶山，而倚邦、蛮专者味最胜……本朝顺治十六年平云南，那酋归附，旋叛伏诛。遍隶元江通判，以所属普洱等处六大茶山，纳地设普洱府，并设分防。思茅离府治一百二十里。所谓普洱茶者，非普洱界内所产，盖产于府属之思茅厅界也。厅治有茶山六处，曰倚邦，曰架布，曰嶍崆，曰蛮专，曰革登，曰易武。与通志所载之名互异。福又检贡茶案册，知每年进贡之茶，例于布政司库铜息项下，动支银一千两，由思茅厅领去转发采办，并置办收茶锡瓶、缎匣、木箱等费。其茶在思茅本地收取鲜茶时，须以三四斤鲜茶，方能折成一斤干茶。每年备贡者，五斤重团茶、三斤重团茶、一斤重团茶、四两重团茶、一两五钱重团茶、又瓶盛芽茶、蕊茶，匣盛茶膏，共八色，思茅同知领银承办。"

檀萃《滇海虞衡志》记："普茶名重天下，出普洱所属六茶山，一曰攸乐，二曰革登，三曰倚邦，四曰莽枝，五曰蛮专，六曰慢撒。周八百里，入山作茶者数十万人。"

雍正年间开始，云南省每年向清宫廷进贡普洱茶。普洱茶成为皇帝、王公大臣喜爱之物。皇帝除了自己品饮之外还将普洱茶赏赐功臣及外国使节等。每年全国各地都有大量土特产上贡清廷，茶叶也算比较大的一项贡品，皇帝每年会对需要上贡的物品清单进行审查，不想要的就打叉，要的打勾，据专家考证，其他名茶中有被打叉出局的情况，普洱茶则从来都打勾，从未被打叉出局过。

也不知是天意还是人为，总之鄂尔泰设普洱府本是为推行改土归流，加强清中央对云南西南边疆管辖，而普洱府辖区正好划进了六大茶山。明代因普洱地方得名的普洱茶，此时由于普洱府辖区的扩大，六大茶山所产之茶也以普洱茶的名称进入深宫，呈于皇帝和王公大臣们的案头。到了雍正、乾隆年间普洱茶由于皇帝和王公大臣们的喜好开始"名重天下"了。普洱茶开始作为大宗商品开始大量进入藏区，进入内地。据《清朝通典》记录，当时政府每年发茶引三千，每引卖茶一担，则每年卖茶3000担，

每担是 100 斤。清代每斤重是 596.82 克，则每年由政府课税后销往内地和藏区的茶叶有 179 吨。

普洱茶商贸的发展吸引了大量内地人到六大茶山种茶、贩茶。其中石屏人很多到了易武茶区，他们的后裔现在仍在易武茶区种茶、制茶。易武麻黑村几乎全是石屏人后裔，保留了浓重石屏口音，在易武很多村寨都可以听到石屏话。当时还有很多四川人进入倚邦、单登、莽枝等茶山，其中有一曹姓茶商娶了倚邦头人的女儿，后因倚邦头人无儿子，曹氏（名大洲）就继承了头人位。头人位传到孙子曹当斋时被清政府任命为倚邦土千总，之后曹氏土司统治攸乐、倚邦、莽枝、革登、蛮专五大茶山长达 200 年。现在倚邦、革登、莽枝一带还有许多四川人后裔，他们的口音很特别，既不同于当地口音又不像四川口音。

普洱府画

普洱府的设立和六大茶山归入普洱府，一方面扩大了普洱茶产区范围，另一方面更大的产量和更好的品质，终于使普洱茶名扬天下。

从清朝到 1956 年三大改造完成，在普洱茶产区有大量私人茶号在经营普洱茶，它们制作的普洱茶有一些保存下来，被称之为"号级茶"，这些茶成了普洱茶曾经兴盛的证物，也成了我们今天可以观察到的过去普洱茶原料与制作技艺的实物资料。这些茶庄和它们的主人也就成了为普洱茶发展做出贡献的应该被纪念的被记住的。在这些茶庄开设在易武的有：同兴号、福元昌号、同庆号、宋聘号、同昌号、车顺号、普庆号等。在倚邦开设的有：杨聘号。在勐海开设的有：鼎兴号、可以兴号。在江

号级茶

大红印

七子饼

城开设的有：敬昌号。在思茅开设的有：雷永丰号、恒和元号、裕泰丰号等。在普洱（宁洱）开始的有：协太昌、同心昌等。在景谷开设的有：李记谷庄、恒丰源等。

（4）普洱茶的沉寂和春天

普洱茶发展过程中的第一次重击是日本的入侵。1937年日本发动全面侵华战争，到1938年已占领大半个中国，严重的战乱影响了普洱茶的内销，到1940年日军进攻东南亚，先占法属印度支那（今越南、老挝、柬埔寨），1941年太平洋战争开始后又占缅甸、泰国、马来西亚等地。至此普洱茶的外销通道全部中断。本来普洱茶有4个主要销售方向：对内经四川、贵州销往内地，经滇西销往藏族区。对外经越南、老挝销往南洋及海外，经缅甸销往南亚和海外，通过这条线路还可以销往西藏。日军占东南亚后外销完全断绝，内销因战乱也大减，普洱茶遭受了一次严重打击。也就在此期间，发生了一件与普洱茶发展有关的大事，就是范和钧受派到勐海建厂，虽然因战乱没有生产太多普洱茶，但仍然有一些在普洱茶史上的重要产品，并且打下了后来勐海茶厂的基础。

抗战期间由于普洱茶的销路主要只剩下经滇西北进藏一条，因此最接近这个方向的小景谷茶区在40年代曾一度兴盛起来过。

抗战胜利了普洱茶的春天会来吗？这个问题一定是当时的茶农、茶庄主、茶商们都想过的问题，可惜的是国共内战马上开打，严冬中刚露出的一点春的气息又消失了。1949年新中国成立，春的气息再次升起，希望又充满在茶农、茶商、茶庄主们的心中，但是从1953年开始了三大改造，1956年三大改造完成，所有私营茶庄全部消失，所有个体茶农全部加入合作社，所有茶叶生产全部纳入计划经济轨道。全云南省只有勐海茶厂、昆明茶厂、下关茶厂等几家企业在生产少量的普洱茶卖到港澳，由于普洱茶工厂少，市场需求也小，茶厂根本用不了那么多茶，没有企业来收，又不能拿到市场上卖，于是很多茶农开始砍茶树改茶园为粮田，茶既然不能卖，总得吃饭吧。古茶园遭受了第一次不得已的破坏。

在普洱茶生产几乎停顿的同时，由于私人茶庄的停业，普洱茶存卖结合的生产销售方式也结束了，到90年代，当第一届普洱茶叶节在思茅举办时，普洱茶产地已经极少有人知道什么是真正的普洱茶了。

从40年代初到80年代末，普洱茶沉寂了半个世纪。在这40多年里有几个有关普洱茶的大事应该知道。

1951年12月"中茶牌"商标注册成功，使用期20年。从1952年起所生产的茶叶包装的文字最上面是倒读的"中国茶叶公司云南省公司"，中间是八中茶商标，下方是倒读的"中茶牌圆茶"繁体字。由于八中茶商标中的茶字是手工加盖，因印色之别而有红印、黄印、绿印之称，这期间所生产的茶俗称为"印级茶"。

从1972年起"中茶牌圆茶"停用，开始改称"云南七子饼茶"，上面文字为"云南七子饼茶"下有英文，中间仍是八中茶商标，下面文字为"中国土产畜产进出口公司云南省茶叶分公司"，下面同样有英文，八中茶商标中的茶字同样是手工加盖，因印色的不同有红印、黄印、绿印、水蓝印之分，从此开始了"饼级茶"时代。

1976年为出口需要，云南省茶叶公司规范普洱茶唛号，饼茶用4位数字，头两位是该产品创制年份，第3位是毛茶等级，第4位是茶厂编号。当时1是昆明茶厂，2是勐海茶厂，3是下关茶厂。

由于香港人有喝老茶习俗，三大改造后，由于存茶的中止，大陆已没有老茶可以供给香港，为此在借鉴香港、广东做湿仓加速发酵方法的基础上，1973年昆明茶厂研制成功了渥堆发酵熟茶的技术，

以后在昆明茶厂、勐海茶厂、下关茶厂等生产，但曾一度列为国家机密。

　　1978年12月十一届三中全会召开，中国进入了改革开放新时代，春风终于吹进沉寂多年的普洱茶区。

　　改革开放以来，与普洱茶有关的一些大事如下：

　　1979年为了加快云南省茶产业的发展，云南省在元阳召开密植速成高产学术研讨会，1980年在昌宁召开全省低产茶园改造会。虽然这两个会和会后的低改风对云南的古茶区产生了第二次人为的破坏，但云南省茶产业得到了大步推进。

　　不过在80年代大步推进的茶产业的产品主要是绿茶、花茶、红茶。

　　1993年思茅地委、行署极有前瞻性地举办了第一届普洱茶叶节。前几届的普洱茶叶节在当时的很多人看来基本没什么成效，主要起到推广宣传作用，对普洱茶消费和生产作用不明显，但从现在回去看，正是这种长期的坚持宣传才有了后来普洱茶的名扬天下。

　　在1995年以前普洱茶紧压茶主要由昆明茶厂、勐海茶厂、下关茶厂三家企业制作，产品原料实行拼配，没有乔木古树的概念。产品中数量最大最具影响力的应该是勐海茶厂的7542生饼系列。在2000年以前，甚至21世纪初的几年，全大陆很少有存茶概念，也没有存新茶喝老茶的习惯，因此有不少紧压茶产品拼入烘青（绿茶）提香。由于烘青缺乏转化的水分和活性，存放多年也不会变化，那些拼入烘青的紧压茶其实已经留不出普洱茶老生茶的口感、滋味了。

　　近些年来随着人们对普洱茶认识的加深，乔木老树茶因其生态、茶气、茶味和更佳的越存越香条件受到了更多重视。在使用乔木老树茶纯料制作普洱茶的历史上，有几款具有代表性的茶品应特别加以介绍。第一款是1995年台湾邓时海用普洱茶区和勐海茶区的乔木老树茶制作的"云海圆茶"，这是最早的乔木茶作品。第二款是1996年易武乡长张毅按台湾茶人要求用易武原料制作"真淳雅号"

圆茶，这是最早的易武纯料作品。第三款是澜沧古茶有限公司用景迈纯料制作的紧压茶，2000年制作了用景迈纯料压制的茶饼，包装上写的是"普洱七子饼"，2001用1999年景迈纯料压制了一批100克沱，包装正式有了"景迈"名号，叫作"景迈山野生古树茶•银沱•001"。除此之外，制作比较早的乔木茶纯料产品还有昌泰从1999年起生产的"易昌号"易武茶系列，何仕华从2001年起制作的"千年古树茶"景迈茶系列。张毅从2002年起制作的"顺时兴"号易武茶系列。美籍华人蔡林青从2003年注册成立"澜沧裕岭一古茶园开发有限公司"生产的景迈茶系列。从2005年起用古茶园纯料制作的茶品开始像雨后春笋大量出现，不胜枚举。

何仕华

2001年001沱

101一届纪念饼

90年代随着改革开放的推进，私营茶厂、茶庄开始大量涌现，国企也开始改革，普洱茶的花色品种和产量直线上升，普洱茶的春天真正来到了。2007年据媒体调查统计，中国最热的三个词是"股票""房奴""普洱茶"。

1986年班禅大师参观下关茶厂，之后下关茶厂为班禅大师制作了一批"宝焰牌"紧茶，俗称"班禅紧茶"。

1994年昆明茶厂停业。

1994年下关茶厂改为"下关茶厂沱茶股份有限公司"。2004年改为多元化股份制企业"云南下关沱茶（集团）股份有限公司"。

1996年勐海茶厂改为"西双版纳勐海茶业有限责任公司"。2004年被云南博闻投资有限公司整体兼并。

1992年"中国土产畜产进出口总公司云南省茶业分公司"停业。

1996年"中国云南思茅普洱茶集团（有限）公司"成立，同年又改名为"云南思茅龙生茶叶集团有限公司"。

1998年"西双版纳昌泰茶行"成立。

1998年澜沧县茶厂改制为"澜沧县古茶有限公司"。

1999年双江县茶厂改制为"云南双江勐库茶叶有限责任公司"（勐库戎氏）。

1999年邹炳良成立"安宁海湾茶业有限责任公司"。

2004年香港长泰实业（深圳）有限公司收购普洱县茶厂，成立"普洱茶（集团）有限公司"。

2008年"云南中茶茶业有限公司"成立，取得"中茶"商标使用权。

2002年广州茶博会上，王霞在思茅古普洱茶业有限公司制作的宫廷级熟茶获"普洱茶王"奖，之后100克茶拍出16万元。

2010年荣宝春拍普洱茶专场，鲁迅收藏的一盒清宫流出的普洱茶膏（28块）拍出100.8万元。

2004年台湾邓时海所著《普洱茶》由云南科技出版社出版发行。

2005 年云南科技出版社推出《云南普洱茶·春夏秋冬》。

2006 年普洱茶专业刊物《普洱》创刊。

2003 年《云南省普洱茶地方标准》公布。

2005 年获得"普洱茶原产地证明商标"。

2006 年新制定的云南省"普洱茶综合标准"公布。2008 年《地理标志产品普洱茶》公布，普洱茶产区从 1983 年云南地方标准规定的三地州 21 个县（区）扩大到云南省的 11 个州市 75 个县（区）。

人为膨胀的普洱茶原产地：

明代，普洱茶一词出现，因产于"普洱"得名。属于因产地得名的地方性特种茶类。当时的普洱是车里宣慰司下辖的一个地方，即今宁洱县。

清代，普洱茶开始成为贡茶。普洱府成立后普洱府辖区扩大到今普洱市的大部分和西双版纳州。普洱茶产地范围扩大到普洱府辖区全境。当时普洱府辖宁洱县、思茅厅、威远厅、他郎厅、车里宣慰司。

2003 年《云南省普洱茶地方标准》将普洱茶产区扩大到思茅地区、临沧地区、西双版纳州全境 21 个县（区）。

2006 年云南省重新制定普洱茶标准，之后 2008 年又公布《地理标志产品普洱茶》国家标准，普洱茶产地扩大到云南省 11 州市 75 个县。

纵观普洱茶发展的历史，在 20 世纪 90 年代以前普洱茶一直没有一个明确的定义，也没有一个系统的理论到实践的体系。在 90 年代以前普洱茶只是有普洱茶之名无普洱茶准确定义，无越陈越香的说法，无存新茶买老茶的说法，无普洱茶存茶方法的研究和介绍，无发酵的说法，在此期间烘青与晒青不分，烘青可以和晒青拼配压制紧压茶。从号级茶制作到七子饼的生产，一直是师传式的制作技法传承，基本没有制作环节的功能与技术改进的研究，也没有成文的论著出现。大陆没有存茶而存茶的香港也少有相互的经验交流和存法研究。

90 年代普洱茶开始兴起，开始宣传，开始有了一些研究，但由于历史上过多的缺失，因此从 90 年代以来重新构建普洱茶的定义、普洱茶的理论与实践体系过程中，在实证研究不足的情况下出现了一些臆想的、凭空推理的说法和结论。比如把普洱茶定义为黑茶类。在这类定义性的结论中，受渥堆熟茶发酵制作程序的影响，把普洱茶定义为发酵茶，普洱茶生茶定义为后发酵茶，导致了 90 年代以来从制作到存贮方法中的若干失误，导致没有能存出真正能越存越香的好普洱茶。发酵是指微生物参与的植物分解反应过程，渥堆熟茶的确是发酵，但生茶变化是茶叶的内部反应，不应该让微生物参与，参与进行了发酵茶就不会越存越香。但由于发酵茶的定义，致使人们一直在千方百计地想找出既可以促生茶快速发酵变化而又不霉变的方法，例如先散放轻发酵再压饼、故意将饼压得很松好让空气水分进入、存茶室要通风透气、存茶室要加湿等等。这样的结果就是使普洱茶越存越不香。

纵观这个过程，普洱茶建构一个科学合理的理论到实践体系变得十分重要和迫切。

（二）从历史的角度定义普洱茶

由于历史上普洱茶产地交通不便，文化相对落后，保存下来的有关普洱茶的文字资料不够丰富，有不少可见到的文字是相互转抄的或者是道听途说的。这就给普洱茶定义带来一定难度，改革开放后由于发展经济、做大做强之类思想的引导，普洱茶定义也带上了强烈的实用主义和政府导向色彩，对于新的普洱茶定义有哪些可以探讨的地方不在这里讨论。仅从历史的角度来探讨普洱茶的定义。

1. 历史上的普洱茶产区

历史资料已经明明白白告诉我们普洱茶得名于明朝，是因产于"普洱"而得名。当时的普洱是车里宣慰司的辖区，就是现在的宁洱县。到了清雍正年间设普洱府，普洱府辖区扩大到今墨江、景谷、宁洱、思茅和西双版纳，在普洱茶定为贡茶而名扬天下后，普洱茶因普洱府辖区扩大和贡茶区的扩大而扩大了产区。

近年来在普洱茶定义的文字中有一种比较流行的说法："普洱茶因集散地在普洱而得名"，此说大谬，因集散地而得名之说没有任何依据。

法国有一种名酒叫香槟酒，它因产于法国香槟地方而得名，在实施原产地保护法后，其他任何地方生产的用同样原料、方法制作的酒都不能叫"香槟酒"。中国过去也曾造过大量香槟酒，加入国际保护公约后不再生产。

由于我们还是发展中国家，法制化还在推进中，因此原产地保护当然也可以根据需要来调整，因而 2003 年普洱茶产地可以是三地州 21 个县（区）。2008 年后也可以是 11 州市 75 个县（区）。其实把云南省改为普洱省这种扩大就更名正言顺了。

文昌宫

2. 历史上的茶种

在 2003 年、2006 年两次制定的普洱茶标准都强调了普洱茶的茶种是云南大叶种。云南大叶种因其内含物质更丰富无可争辩的是制作普洱茶的最佳原料。但历史呢？难道我们又要忘记，又要割裂历史吗？在云南省现在保存下来的 50 多个古茶园中，有超过 10 个古茶园有小叶种存在，而且有的正处于贡茶区的中心地带。倚邦、莽枝、革登、困鹿山、娜卡、贺开等都是赫赫有名的古茶山，都有相当比例的小叶种。现在很多书和文章中都强调倚邦茶正因有小叶种的苦涩弱、香甜显而受清宫廷喜爱，成为贡茶中心。这些古茶山的大叶和小叶种在叶面积、叶型、生长状态等存在明显区别。将有大叶小叶的各茶区的大叶种、小叶种茶分开采撷制作后进行冲泡对比，其耐泡度、苦涩度、甜滑感等都存在明显区别，因此那种认为这些古茶园中的小叶种是大叶种变异而成的说法是不正确的。不少古茶园栽培只有二三百年，这么短时间能完成这么大的变异吗？如果是自然变异一定要有从大叶到小叶变异之间的过渡型茶树，有吗？没有。

因此制作普洱茶的茶种应该表达为：云南大叶种和历史上栽培的小叶种。现在新植的小叶种当然不可包含。

大小叶

3. 历史上的制作

普洱茶制作的基本流程是：采撷→萎凋→杀青→揉捻→日晒→压饼→包装。

采撷：采茶一般没特别讲究，一年四季有新芽都可采。但在实际操作时则要有一些要注意的，一是采撷时要注意采撷位置和数量，要保证新芽的发芽。二是采撷时间以早上日出后最佳，日出后茶叶上露水干后采，采后稍加萎凋进行杀青、揉捻、日晒，当日晒干最好，至少半干。如果中午后采茶则当日不能晒干，揉后的茶堆在一起容易闷红变质。三是五月

采 茶

以后雨季到来天阴无法晒茶就不能采茶了。在贡茶的年代贡茶区采茶有先采制贡茶后才能采制民间用茶的规定。

萎凋：萎凋在过去茶洱茶制作时不一定是一种特定的制作程序，萎凋的形成一是因茶地与制作地距离大，运送过程长而形成，二是因茶树零星分布使采撷时间过长而形成，三是采撷时间过晚，当日不能加工而形成。在实践中发现，适度萎凋可以降低苦涩，提高香气。萎凋的脱水过程会让茶叶内部

发生生化反应，改变茶的滋味，提升茶香。乌龙茶制作中萎凋是必不可少的条件。

杀青：杀青的作用有二，一是用高温杀死茶叶中的微生物，避免茶的发酵。二是让鲜叶软化便于揉捻同时让茶叶不易揉碎。早期的杀青有锅炒、蒸、开水捞、日晒、火烧等方法。火烧在中华人民共和国成立前攸乐族制作中存在，其法用一种称"冬叶"的大叶子将茶鲜叶包起来放到火中烧。2001年龙园生态茶厂曾用此法制作过一批产品。火烧有杀青度难于控制问题，易有烟火味。蒸及水捞法会使揉捻不便，且水分过多。日晒法杀青严重不足。曾有广东客商在2004、2005年在易武订制过日晒杀青的产品。传统制法中锅炒法最合理，但要控制好锅温，过高会炒煳，过低会杀青不足或炒长闷红。

揉捻：揉捻可以激发茶叶中细胞活力，加速茶的变化，提升香味，冲泡时内含物更容易泡出。揉捻与茶的香气、口感滋味有很大关系，历史上制茶时揉捻是很到位的。近年有轻度揉捻的制泡条法流行，究其根源是号级茶和港台茶人惹的祸。由于新中国成立后普洱茶传统工艺的改变，90年代当人们想恢复传统制法时，只能去参照留下来的那些老号级茶，结果发现那些茶比较粗老，要仿制得很像就不能揉得细，于是当台湾茶人将号级茶样品交给易武人模仿时，泡条法就产生了。其实号级茶之所以看上去粗老并非是揉不够而是当时制茶时嫩芽多制成芽茶作散装不压饼销售，压成紧压茶卖到民间和藏区的多用粗老茶压制。

龙园号火烧茶

日晒：日晒干燥是最方便和最符合自然的方法，又是形成普洱茶特殊风味的必备制造程序。日晒的目的是将茶叶中的水分晒去，防止茶叶霉变，也就是要减缓茶叶的分解变化速度。日晒干燥是一种非常自然的干燥，它正好符合植物的自然干燥的温度，这种干燥后的茶叶内保存了大约10%左右的植物体自带的水分，这样的水分含量一方面使茶叶不会发生外部微生物的分解作用，不会长霉变质，但同时又可以满足普洱茶内部继

日晒

续分解变化的水分条件。日光的温度及射线也刺激了茶叶内部物质活动，使茶叶产生出一些新的香味成份。晾干及烘干则无法达到日晒的效果。烘干温度过高还会让茶叶水分失去过多，让可以促使茶叶内部变化的某些成分因高温而失去催化作用。

压饼：将普洱茶压制成各型紧压茶最初的主要原因是为了运输的方便。普洱茶产区山高路远，茶叶的外销完全靠人挑马驮，压成紧压茶后运输方便，经销商也方便存放和销售。

这种以方便运输和存放而形成的工序，正好成了普洱茶以后可以越存越香的一个重要条件。过去并没有普洱茶越陈越香的概念，也没有刻意的存茶、做仓的概念，在那些存留下来的老茶中有部分有很好的茶香表现，这需要归功于普洱茶的紧压工艺和笋壳包装的方法。普洱茶如果散放自然保存二三年后茶香就会基本散尽。至于用石模压饼，用木模压砖压沱等完全是因为当时的生产条件决定。

包装：传统的普洱茶包装是使用竹笋壳包装，当时用纸包装成本高，因此号级茶有内票、内飞但无饼包装纸，每七饼一筒，每饼357克，每筒2.5公斤5市斤，用竹筐装，每筐12筒，60市斤。使用笋壳和竹筐是因为竹子是当地非常易得之物，使用成本低，并非是现代人臆想的是为了让茶叶

更易通风透气便于加速发酵。当然笋壳包装和每筒七饼的包装法对于保存茶香是比较好的。

4. 历史上的贮存

科学合理的存贮方法是普洱茶能否越存越香的最重要条件之一。但在历史上并没有普洱茶特定的存放方法，我们认真找寻史料中关于普洱茶文字，没有一丁点存茶方法的介绍，甚至到了今天关于普洱茶存放的介绍仍然没有一个统一合理的方法。历史上的普洱茶没有刻意的存放方式，也没有刻意的存新茶卖老茶的概念。由于普洱茶的原料和制作方式使普洱茶可以长期保存，因而当时的人们就会把卖不完的新茶存放着慢慢卖，据老茶号的后人讲，他们记得家中的存货就随意的堆放在楼上房中。上贡的茶，皇帝和嫔妃们吃不完就放到皇宫仓库中，以后想喝了又拿出来喝，当时宫中也没有刻意的要喝老茶。"普洱茶名遍天下，味最酽，京师尤重之"就是证据。而销往藏区的茶，藏民买了去由于游牧购物不便，一次多买点，当然也会吃多年，尤其是藏民献给活佛喇嘛的茶，收得多了存起来可以喝几十年。前些年有人到藏区淘茶，在寺中淘到不少几十年的老茶，喝之有少许酥油味。后来香港茶商在经销普洱茶过程中，逐渐发现了与普洱茶变化速度，茶香发展有关的一些仓储方法，开始有了仓储方法与概念，但仍然没有统一规范合理的方式，因而才会有所谓干仓、湿仓、自然仓、闷仓之争。

总结以上的文字，从历史的角度给历史上的普洱茶下一个简明的定义：

普洱茶是明代因普洱地方得名的一种地方特种茶类，清代因作贡茶而名扬天下，用当地大叶种和部分小叶种茶经萎凋、杀青、揉捻、日晒而成的散茶和紧压茶，具有可以长期存放、存放方法得当可以越存越香的特征。它不是发酵茶，更不是黑茶，而是一种特征明显、风味独特的地方特种茶。

三、普洱茶的变化原理和"越陈越香"的探讨

普洱茶诞生于远离中原文明的澜沧江中下游的崇山峻岭间，古濮人是最早的驯化者、栽培者和制茶者，这种特殊的历史、地理原因使普洱茶的发展史缺失了太多的资料。清雍正年间设普洱府，普洱茶因定为贡茶而名扬天下，但特殊的地理、文化原因仍然使普洱茶没有留下系统而完整的资料。到了20世纪90年代普洱茶重新被人们认识并重视起来后，人们才突然发现普洱茶的历史、制作、存贮、销售情况的资料少得可怜，这给人们重新准确的认识普洱茶、定义普洱茶、制作普洱茶、存贮普洱茶带来了太多的盲目性和随意性。而70年代"发明"的渥堆发酵技术的出现，更是对普洱茶的定义和技术带来了很大的冲击和误导，如把普洱茶定义为黑茶类；把渥堆熟茶称为熟茶，不渥堆的称为生茶；把存了几十年已经熟化了的生茶叫"老生茶"。"老"还生吗？还有把生茶定义为后发酵茶等等。另外"越陈越香""存新茶卖老茶""爷爷存茶孙子买"等等新编说法也穿越时空回到上百年前。普洱茶可以说进入了群雄并起、百家争鸣的时代，而政府及其政府领导下的相关机构，甚至科研部门，更多的是从振兴经济的角度去研究、宣传、推广普洱茶，这使普洱茶一直没能形成一个系统的、科学合理的体系，几次颁行的普洱茶标准都在不断地改变说法并存在引发争议和可以商榷的内容。由于普洱茶体系缺乏从原理到实践的系统而明确的体系，因此"普洱茶作为食品一定要标上保质期"之类的说法才会出现。酒是不是食品？酒是不是要标上保质期？台湾生产的金门高粱酒上保存期写的是：无限期。

普洱茶是会变化的，在合理的存放条件下是可以变得越来越香，越来越好喝，这是比较公认的观念，

但对于普洱茶的变化原理则一直没有一个令人信服的说法，"越陈越香"一度作为普洱茶一个定义式的内容加以宣传，但市场上、仓库中却很难找到越陈越香的实物，这些都对普洱茶的定位和推广带来不利影响。为普洱茶构建一个从理论到实践的合理的、系统的体系变得十分重要和迫切。

（一）茶叶的变化是植物的分解作用

要说明这个问题必须从生态学、植物学等方面着手。众所周知地球最早的生命诞生于 36 亿年前，大约 4 亿年前植物从海洋登上陆地，之后的地球成为满布动植物的充满生命活力的星球。在亿万年的生物进化过程中，地球上的各种生命体具有了丰富而复杂的机体与功能，其复杂程度现代科学都不能完全解释。

在生命进化过程中形成的奇妙功能之一就是维护生命生态平衡的分解功能。植物通过光照和空气吸收能量，光合作用可以产生淀粉、脂肪、蛋白等有机物，实现光能转化为化学能，同时植物根系从土壤中吸收养分，包括各种所需的矿物质。所有的动植物都经历着生长死亡的过程，在个体动植物的生长过程中还有动植物部分组织死亡更新过程，如植物的落叶，动物的落毛。在动植物死亡或动植物部分组织死亡之后必须有一个分解过程，让死亡的动植物释放体内的能量，同时将体内物质分解成其他物质或者复原为原来的物质，例如矿物质，再让新的动植物吸收生长。动植物的分解功能是生命进化的一个重要成果，设想一下如果没有这一功能，死亡的动植物不能分解而全部堆积在地球上，堆了亿万年会是什么状态？

动植物的分解过程是一个十分复杂的过程，包括了内分解与外分解的共同作用。外分解的进行主要由称为分解者的微生物和动物等来进行，微生物对动植物分解会产生发酵作用，动植物体内的部分物质以能量的方式通过气味散发、热量散发等方式释放，另些部分则被不同的微生物分解后重新还原为原来的物质重新回到土壤。在动植物发酵过程中如果人为改变发酵条件，杀死微生物，中止发酵，就可以得到人们所需的产品，如渥堆熟茶、腌肉、豆豉等。

微生物的分解过程中湿度、温度与分解的进行有直接关系。外分解过程中的能量释放是一个比较复杂的过程，气味和热量释放是人们比较容易感知的部分。

动植物的内部分解反应很复杂，现代科学尚没有能完全清楚的解释。在 20 世纪 60 年代以前，人们只知道生物体内存在生化反应，在反应过程中酶起着能加快反应的催化剂作用。酶英文名 enzyme，以蛋白质形成为主存在，种类很多，大量存在于动植物细胞中。过去曾有较长一段时间人们把酶称为"酵素"，认为酶的作用是一种发酵作用，但现在已证明酶的作用是动植物内部的催化作用而不是发酵作用，"酵素"这一叫法已不再使用。

按照国际上习惯的分类法，酶分为六大类：氧化—还原酶、转移酶、水解酶、裂合酶、异构酶、合成酶。已知的酶有上千种。

动植物体内除了酶的作用，除了生化反应的进行之外，20 世纪 60 年代，法国学者巴兰提出动植物体内不但进行着生化反应，还可以进行原子核反应。就是说当动植物体内需要某种元素不能正常获取时，动植物可以自己改变原子核内的质子和中子数目，自己"制造"出一种所需的新元素。法国学者克尔符兰的研究也证实了动植物体内可以进行原子核反应。

茶叶的内部分解变化是否有原子核反应参与尚待研究。

动植物在生长过程中可以通过酶的催化作用帮助动植物的生长，当动植物死亡后，其机体的细胞和有机体内的各种物质依然存在，在之后的动植物有机体的分解过程中，酶等可以促进机体内部分解的物质从机体的内部促进分解的进行，微生物等从外部对机体进行外分解，以加速分解的完成。如果有微生物的参与，加之有充分的湿度、温度条件，内外分解相结合可以让分解过程很快完成。如果没有微生物参与，或者虽有微生物参与但缺乏微生物作用的温、湿条件，动植物的外分解过程会中止或减缓，但内分解会继续进行。在内分解过程中，动植物机体内存积的物质一部分会以能量释放的方式释放出来，能量释放过程比较复杂，气味是人们比较容易感知的一种能量释放方式。由于植物体内物质结构的差异，所释放的气味也会不同，有的发出臭味，有的发出香味。同样都是香味也会因植物体内物质结构而有香型和强弱的区别。

在茶叶的内含物质中，香味物质属于挥发性物质，其释放会较明显，会比较容易感知到。内分解在释放香味的同时，对其它物质的分解同样在进行，而作为能量释放的香味散发时，香味物质同样包含了表现为苦涩的物质，因此内分解的进行和香味的散发过程也是茶叶的变化过程，可以降低苦涩、可以改变汤色。茶叶内分解能量释放时会发出香味，其它植物同样也会。如用与晒青茶类似加工工艺制作而成的铁皮石槲叶，加工晒干后也会发出强烈的香味。而将其它植物的叶芽经杀青、揉捻、晒干后同样有不同香型、不同强度的香味释放。茶叶内分解的能量释放会让茶叶内的物质减少，会让茶叶重量变轻，这也正好解释了为什么老茶的重量会变轻、茶饼会变松。

茶叶从采摘下来后，其内部的分解过程已经开始，在茶叶萎凋、杀青、揉捻、晒干等的每一过程，茶叶内部的酶及其它促分解的物质就在茶叶内部进行着催化作用和分解作用。制作工序对茶叶的刺激作用会加速内分解的进行，如萎凋时加上摇青的手法就促进乌龙茶的香味释放。杀青、揉捻的刺激和日晒的刺激都可以加速酶及其它物质的活跃，加速茶叶内分解的进行。据研究，在 0~16 小时的萎凋过程中，随着时间的延长，多酚氧化酶和过氧化物酶的活性增至最大，16 小时后活性下降。

红茶、绿茶、乌龙茶等要经高温烘焙干燥的茶叶，在高温烘焙时茶体内水分大量减少，同时高温使茶叶细胞大量死亡，酶的活动减弱或中止，茶叶的能量释放也相应减缓或中止，茶叶的香味释放也就减缓或中止。为了保存在加工过程中形成的香味，必须用真空包装之类的方式保存，在品饮时再通过沸水的温度将香味刺激出来。而普洱茶的制作工艺不会中止茶叶的内分解过程，可以让普洱茶的香味释放时间变得比较长久，成为普洱茶可以越存越香的重要条件。

普洱茶的制作工艺中存在着对茶叶内分解的促进与抑制的双重作用。抑制作用主要在高温制程中出现，如杀青高温，干燥时烘房的高温都会有高温抑制。而适度萎凋、揉捻、日晒等制程则有促进作用。在普洱茶的制作过程中日晒是普洱茶不同于其它茶类的一个特殊制程，也是形成普洱茶可以越存越香特征的重要程序。日晒是完全符合自然界状态的干燥方式，日晒的干燥一方面可以让茶体内的细胞水分正好保持在一个特别的程度，一方面让微生物因湿度不够而无法进行外分解的发酵，同时又足以让细胞内的酶仍有足够水分进行其催化作用。同时日晒产生的温度不会杀死细胞及细胞内的酶，反而可以促进酶的催化作用。

据研究酶的活性发挥以 20℃至 45℃最佳，低于 20℃酶活性明显降低，40℃至 50℃酶催化活动最为激烈，温度再高则催化机能降低，70℃以上会基本停止。

日晒的工序正好促成了晒青茶的酶的活性发挥，促进内分解的进行,促成了香味等物质能量的释放,并使这种释放比较强烈而持久。对晒青茶的观察证明，晒青茶制成后香气开始大量释放，在第一二年释放程度最高，三年后明显下降，如果用干仓保存，香味释放可以在长达十年之后仍在进行。

茶叶等植物在内分解过程中释放香味除了释放能量外可能还有吸引微生物和小虫来参与分解的功能。

植物的分解功能不但是普洱茶变化的根源也是其它茶类变化的根源。

在各种茶类中，黑茶和普洱茶中渥堆熟茶的变化，是外分解与内分解相互促进作用的结果，其中外分解的作用占了重要部分。在黑茶与渥堆普洱茶的变化中，微生物参与的发酵过程是变化的主要方式，在这个过程中茶叶能量释放的主要方式是热量释放。

红茶、乌龙茶、绿茶等茶类，其变化主要由茶叶内部的酶的催化来进行的，没有或基本没有微生物的参与，因此这些茶类的变化主要是茶叶内部酶促下的内分解作用，由于其变化不是靠微生物来促成，因此这些茶类的变化就不能称为发酵，传统茶叶体系中把红茶称为全发酵茶、乌龙茶定为半发酵茶是不准确的，这些茶类的变化不是"发酵"而是酶促作用。

普洱茶是适于长期存放的茶类，其变化原理要更复杂。在普洱茶中，渥堆熟茶主要靠微生物参与以外分解为主的方式变化，普洱生茶的变化更复杂一些，轻度发酵茶和湿仓茶的变化是外分解与内分解共同作用的结果。外分解与内分解的作用比例视微生物参与程度而定，直观地说就是霉变程度。自然存放的茶，如果存放地空气湿度大也会有少量微生物参与，但一般情况下变化主要还是靠内分解进行，如果使用可调控湿度的干仓存茶变化主要是靠内分解进行。

茶叶内的能量通过香味等方式释放，在酶等催化物的作用下，茶叶内进行着复杂的生化反应，将包含表现为苦涩的物质等多种物质催化为香味物质释放到空中，因此香味释放的过程也是苦涩降低的过程。

（二）普洱茶香气是茶叶分解时的能量释放

目前对普洱茶香气的研究基本上还停留在对普洱茶香气成分的研究上，尚无香气原理的研究报告。照目前的研究成果，茶叶香气物质主要包括碳氢化合物、醇类、醛类、酮类、酯类和内脂类、酸类、酚类、杂氧化合物、含硫化合物等，到现在已从茶叶中分离出的芳香物质已有数百种。这些芳香物的释放在茶叶加工的各个环节都有不同，萎凋、杀青、揉捻、晒干等都有不同的芳香物质释放。据研究茶叶释放的芳香物的种类、数量与茶树品种、茶叶老嫩度、茶树生态环境、茶叶中微量元素的数量与种类、茶树树龄、制作季节、制作工艺等都有关系。例如大叶种香气成分比小叶种多，树龄长的大树茶香气成分也多，原因就是大叶种比小叶种内含物质更多，储藏的能量更多，而树龄也会影响茶叶的内含物质与能量。

1. 外分解与内分解对普洱茶香气的影响

在茶叶变化原理中已经说明，茶叶的变化属于

植物分解作用的结果，植物分解过程中有一个能量释放的过程，在这个过程中，如果有微生物的参与，内外分解同时进行，则植物的能量释放的速度和分解速度会加快，微生物参与越多，分解速度就越快。在以微生物发酵作用即外分解为主的作用下，普洱茶的能量释放和分解会快速进行，能量释放主要以热量方式为主，但也有香味释放的方式，渥堆熟茶发酵就是典型。以微生物发酵为主的外分解作用下，茶叶变化快，能量释放以热量方式为主，因此茶叶的香气释放会比较弱。在实验中已经发现，凡是经过不同程度微生物发酵的茶叶，其能量释放加速，茶叶变化加快，香气释放则减弱。如果阻止微生物的参与，基本中止外分解的发生，让茶叶的分解主要靠内分解进行，茶叶的能量释放会以香气释放等方式进行，这时茶叶的香气释放会比较强烈而持久，普洱老树茶的香气释放可以长达十年以上。如果使用特殊的存贮方式则香气释放的时间还可以更长久。

2. 普洱茶越存越香是能量释放过程中的香味沉积

"越陈越香"一直是普洱茶宣传的一个聚焦点，是作为普洱茶一个定义式的特征来宣传的，能品到越陈越香的茶也成了普洱茶爱好者的追求，但在普洱茶市场上和藏品中真正"越陈越香"的茶就像云中神龙、像沙里淘金一样很难追寻。在普洱茶的书籍、论文中不但没有普洱茶香气原理的说明，也没有越陈越香的完整而准确的论述。普洱茶能否越陈越香？为什么老茶中偶有"陈香"很好的茶但绝大多数茶都是越"陈"越不香？"越陈越香"这一说法有何不妥？普洱茶如果可以越存越香是否有时间限度？怎样才能得到"越存越香"的普洱茶？普洱茶"越陈越香"的问题已经成为困惑普洱茶爱好者、生产者、研究者的一个大问题。

其实普洱茶是真的可以越存越香的，当然会有一个相对的时间限度。这里说的是越"存"越香而不是越"陈"越香，关于"陈"字用法的不妥下面再进行讨论。

普洱茶可以越存越香，这是由普洱茶发香原理决定的，只是要能越存越香必须有特定的存放条件。上篇已论述了普洱茶的发香原理，普洱茶在制作中由于其制作工艺基本避免了外分解发生，而普洱茶原料和晒青制作工艺又使普洱茶在制成后可以保存酶的较持久的活性，让普洱茶有较强烈而持久的香气释放过程，这种释放在头三年最强烈，如果存法得当，三年后仍会有较长香味释放期。设想一下，普洱茶制成后在很多年中每时、每刻、每分、每秒都在不停地进行着香气释放，释放可以长达数年，它释放了多少香气？如果我们可以用一种方法把这些香气存积起来它可以有多么强烈？

其实在品饮老茶过程中，已经观察到了与普洱茶香有关的一些现象。

例一，一款从干仓中刚开仓出来香味很好的老茶，出仓后自然放置于通风透气的空间，两三个月后香味大量散失。

例二，自然通风透气存放的茶叶基本不会有好的茶香。

40年以上老沱

40年以上老沱汤底

例三，经轻度或重度发酵过的老茶不会有好的茶香。

例四，一些自然仓中堆放在茶堆下面靠墙角的茶香气比上面的更好。

为什么会有这些现象？是因为普洱茶的香味是植物内分解过程中能量释放的方式之一。根据能量守恒定律，能量不会凭空产生，也不会凭空消失，它只能从一种形式转化为其他形式，或者从一个物体转移到另外一个物体，在转化或转移过程中，能量的总量不变。茶树在生长过程中通过光合作用和根系吸收等积累了大量的能量，在茶树茶叶的死亡过程中，这些能量会以多种方式释放出来，发酵时的发热、不发酵时的发香都是能量释放的方式。而香味的释放是属于香味分子的扩散运动，自然存放于通风透气环境中的茶，其香味分子的散发会更快，尤其是散茶。香气不断散发后茶香味当然会大量减少。堆放在茶堆角落里的茶之所以香气会更好，是因透气性不好，茶香不易散发而保存下来较多。同样的原理也可以说明紧压茶比散茶会有更多香气的原因了。而经过不同程度发酵过的茶不会有好的茶香是因为发酵是微生物参与了外分解，这个发酵过程使茶叶的变化加速，能量以热量等方式快速释放，能量快速释放后茶叶已经没有多少香味还可以释放了。

根据普洱茶的发香原理，结合对现有老茶对比，对存茶方法的实验探索等，我们可以得出结论：好的老普洱茶的茶香不是"陈香"而是"沉香"。传统观点认为普洱老茶的香是"陈香"，是普洱茶在陈放中、陈化中变化出来的香，这是不对的。其实真正的老普洱茶应该有的香是"沉积"而来的香，是普洱茶在合适的存放条件下所释放的香味分子不断沉积在茶饼中形成的，因此要想得到"沉积"香好的茶，存茶方法十分关键。普洱茶香气的释放和沉积与空气、湿度、温度有直接关系。

空气：推动茶叶内分解活动的进行过程中，酶具有十分重要的作用，酶有需氧的和厌氧的，因此，基本无空气的状态下茶叶的内分解活动会受到抑制，茶叶的能量释放会减缓，也就意味着茶叶的香气释放和内部变化会减缓，但由于有厌氧酶的作用变化仍会进行。但如果茶叶存放在完全通风、空气充盈的环境中，内分解和能量释放会比较快，香味释放也快，但释放的香味会很快在空气中散失，使茶叶的香味在三年之后就大部分散尽。因此合理控制存茶环境的空气和通风状态就非常重要。

温度：过度的高温会让茶叶的水分快速蒸发，同时高温会杀死茶叶的细胞，中止酶的活动。自然状态下的高温一般也就在 40℃ 左右，这样的温度不会破坏酶的活动，因此只要不人为加温，自然的高温反而是有利于茶叶的内分解和茶叶的能量释放的。根据酶的活性研究，温度超过 60℃，酶的活性降低，超过 70℃，酶活性基本终止，而温度低于 20℃ 酶的活性也会降低，因此存放茶叶的仓库冬季如果温度低于 15℃ 后适度加温是有利于茶叶的变化的。

湿度：湿度过高过低对存茶都是不利的。一般而言当相对湿度低于 40% 时，茶叶的内分解速度会减缓，不利于茶叶的变化和香气的释放，但湿度超过 70% 后空气中的湿气会对茶叶的香味分子产生吸附作用，将茶叶的香气大量吸走，由于我国的大部分地区雨季湿度超过 70% 的时间会长达几个月，自然存放、湿仓存放的茶叶在湿度超过 70% 后香气被不断吸走，香味再好的茶也经不住吸几年，所以湿度越大的地方、湿度越大的仓库茶香散失的速度也越快。

在自然通风状态下茶叶的香气释放在头三年最明显，三年后由于香味已经大量释放茶叶的香会明显下降，而在相对密封状态下将湿度控制在 70% 以下，则茶叶香气释放可以长达十多年，由于茶叶的内分解反应是内部反应，相对密封不会中止茶的变化和香味的释放，因此将茶叶存放在相对湿度低于 70% 的相对密闭的环境中，让茶叶不断释放香味，由于密闭条件茶香不会大量散失，不断释放的茶叶香味分子就会沉积在茶饼中，茶叶香味分子不断释放又不断沉积在茶饼上，茶叶自然就会越存越香了。

普洱茶的越存越香包含两个意思，一是越"沉积"越香，这是指茶叶香味分子在茶饼中的沉积程度。二是指沉积的香泡到茶汤中让人能闻到、能品到的"越"香。当茶饼中的茶香沉积到一定程度后，不但茶饼闻之很香，关键是茶汤中也能泡出香来。存放得好的老茶，茶饼和茶汤香突显、纯正而持久。用相对密封的方法保存茶叶并让茶叶不断变化，茶香不断沉积从理论上和实践中都证明是可行的。一般认为，茶叶如果密封保存，可以保存茶的香甜物质，茶叶会越沉越香，但由于密封后会缺氧，茶叶中需氧酶会停止或减缓活动，只靠厌氧酶作用，茶叶的变化会变慢。但是在存放对比实验中发现，事实并非如此，在存放的头三年，密封存放和自然存放的茶叶作对比，密封的更香甜，但汤色变红，苦涩减少方面两种存法的变化基本一致，但在存放三年之后，密封保存的茶叶除了更香甜外，汤色变红、苦涩减少的速度比自然存放的变得更快了。究其原因，是与茶叶中自带的活性酶的活动有关，因为活性酶与茶叶的香味分子一样也会从茶叶中"逃跑"，自然存放的茶叶，香味分子、甜味物质、活性酶不断的从茶叶中释放，茶叶在香甜减弱的同时，由于活性酶的减少，茶叶变化的内部动力也不断减弱茶叶变化速度不断变慢。而密封保存的茶叶，由于活性酶被密封在茶叶中，茶叶有足够的动力来促其变化，变化速度反而更快。这些年的仓储实践就是最好的证据。普洱茶的三种仓储方法中，湿仓靠微生物为主来促茶叶变化，变化速度最快，但无法有好的香甜。自然仓，也称干仓，由于不让霉变，基本没有微生物作用，同时活性酶又大量释放，茶叶变化最慢，香甜减弱的同时，苦涩二、三十年都明显。第三种是本书提出的密封仓。

是否采用密封存茶方式主要看存茶者的品饮标准，要看存茶者是以追求香气为主还是以追求红汤为主。如果我们将目前喝普洱茶的人从品饮喜好的角度进行一个分类的话，大约可以分为五派。第一派沉香派。这一派以是否有好的沉香作为判断普洱老茶好坏的主要标准，这一派由于市场上缺乏真正的沉香好的老茶和过去存茶方法的不明确人数很少。第二派是干香派。他们追求干仓存茶，以是否干燥、干净的茶香作为判断老茶好坏的主要标准，茶汤变红和苦涩降低也是他们的重要评判指标。他们主张干燥存茶，但由于没有进行密闭存茶，他们能得到的茶香是茶叶在相对干燥环境下香味释放多年后留下的余香，这种余香干净、纯正但不突显。这派人在有沉香老茶的存茶法后很多会变成沉香派。第三派是酵香派。他们注重红汤和苦涩退化，他们或者接受或习惯于喝湿仓或相对潮湿度下茶叶内外分解同时快速进行后余留下的香味或者喜欢渥堆熟茶。第四派是红汤派。他们以红汤作为判断老茶好坏的主要标准，不太注重茶香类型和强度。第五派是新茶派。这一派多是普洱茶的新入门者，由于过去习惯喝苦涩重的新茶，同时又没体验过真正沉香好茶的魅力，因此喜欢喝苦涩重的新茶。

普洱茶香的准确表达应该是"越存越香""越沉越香"，那么"越"有没有一个时间限定？这肯定是有的，但要根据存茶环境的密封程度而定，如果密封度高几百年能保持香气应该是可以的。在考古中虽无茶的例子但有酒的例子，例如在汉墓中出土的铜壶酒，出土时酒色已变绿但仍有酒香。再如近年在一艘几百年沉船上发现的瓶装古酒，出水后酒质不变。

3.普洱茶出现多种香型表述的原因

近年的普洱茶书籍和文章中对普洱茶的香有很多形容词，如：草香、花香、木香、豆沙香、荷香、兰香、樟香、果香、干梅香、冰片香等等，然后又有很多专家对各种香型的成因进行了五花八门的分析说明，之所以会出现这种情况是因为过去普洱茶的研究中从来没有搞清楚普洱茶的香气原理，因此很多对普洱茶的香型原理的解释是臆想的、是推论式的。其实普洱茶的香只有一种，就是茶叶中的物质在分解时能量释放而散发的气味，由于受树龄、生态环境、土壤成分等的影响，茶叶内的物质会有微小的差异，

这会导致茶叶释放的香型与强度也有差异，但总体香型特征是基本一致的。正常的普洱茶的香比较像花蜜香，尤其像石斛兰的花蜜香，还带有一些兰花香和红糖香。如果要准确感知可用下列方式：将新制成的干燥后的散茶或茶饼用一个无异味的环保塑料袋封起来放置在避光干燥的地方2至3个月后，打开袋子闻茶香味，所闻到的就是这款茶的应有茶香，将其相对密封保存若干年变成老茶后发出的沉香基本还是同样的香味，只是会更明显，可以泡到汤中明显感受得到。

那么现在存世的老茶为什么会有多种香型和多种形容词表述呢？其实是由于制作环节和存放条件造成的。制作环节主要指制作过程中发生了不同程度的发酵，由于发酵有微生物的参与，发生了外分解，外分解的强烈程度让茶的能量释放太快，能量以热量等方式释放，发酵过的茶失去了足够的内在物质能量来散发香味，因此发酵过的茶只会有淡淡的茶叶的残留香了，如豆香、荷香之类，这种残留香的程度与发酵程度成反比。所谓的果香、荷香之类香气不突显的一般都属于残留香，在自然存放过程中茶香一点点散失，时间越长散失越多，但又由于有竹壳包裹加之紧压让其保留了一部分，这种不同程度的残留香由于人们的感知差别和香味的表达容易抽象，因而才会有多种香型表述。至于冰片香之类应该是保存过程中的异味吸入。茶叶有吸附异味的特点，有不少自然存放的老茶，存放时并没有专门的茶仓，与其它有异味的物品放在一起，时间长了什么木头味、烟味、酒味等都会吸入，自然就会有五花八门的气味。至于木香、樟香其实是茶叶存放过长后，茶叶中的内含物质已经释放将尽，主要只剩下木纤维，这时用沸水高温冲泡后木纤维的气味散发出来就是木香、樟香了。木香、樟香表示这款茶已经存放很久，内含物质已经很少了。将木香、樟香视为老茶香的最高享受只能是仁者见仁、智者见智。至于老茶中出现兰香应该是茶叶干燥保存而且存放空间相对密封且无异味的结果，它属于存放得好的保存了正常茶香的好的老茶。

（三）关于"越陈越香"

1. "越陈越香"是一个现代概念

我们如果认真去研读过去对普洱茶介绍的相关文字，从来找不到"越陈越香"这四个字，甚至找不到类似意思的表达。"越陈越香"较早见于文字是1990出版的中国土产畜产进出口公司云南省茶叶公司的《茶的故乡——云南》一书中所记"云南普洱茶有越陈越香品质越好的特点，可以长期保存饮用"。1993年召开中国普洱茶国际学术研讨会，台湾邓时海先生交流了论文《论普洱茶越陈越香》，后来邓时海在他的《普洱茶》一书中特别强调了这一概念。90年代以后，随着普洱茶的升温，"越陈越香"成了一个普洱茶的带有定义性的流行词。

"越陈越香"的提出，不是因为历史上有这个说法，是因为在现实中发现存在着有"越陈越香"特征的老茶。

2. 老茶中出现"越陈越香"茶是一种巧合

我们认真考据历史上有关普洱茶的文字，不但找不到有关"越陈越香"的文字和叙述，也找不到普洱茶存贮方法的介绍。"爷爷存茶孙子卖""存新茶卖老茶"的说法也不见于文字记录，因此"存新茶到越陈越香再卖"是现代人的一个推理式、愿望式的说法。清人阮福的《普洱茶记》是当时比较权威而详细的普洱茶记述，书中说"普洱茶名遍天下，味最酽，京师尤重之"。"味最酽"说明当时人们喝的普洱茶其实是新茶而不是已经"越陈越香"的老茶。虽然历史上并没有刻意"存新茶卖老茶"的方式，但由于普洱茶具有可以长期存放，存放得当可以越存越香，可以越存越好喝，因而当普洱茶

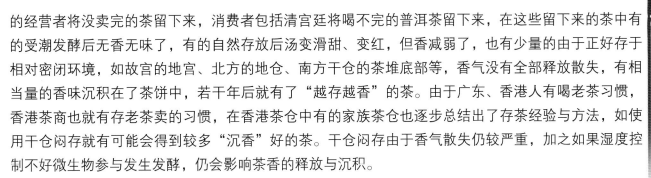

的经营者将没卖完的茶留下来，消费者包括清宫廷将喝不完的普洱茶留下来，在这些留下来的茶中有的受潮发酵后无香无味了，有的自然存放后汤变滑甜、变红，但香减弱了，也有少量的由于正好存于相对密闭环境，如故宫的地宫、北方的地仓、南方干仓的茶堆底部等，香气没有全部释放散失，有相当量的香味沉积在了茶饼中，若干年后就有了"越存越香"的茶。由于广东、香港人有喝老茶习惯，香港茶商也就有存老茶卖的习惯，在香港茶仓中有的家族茶仓也逐步总结出了存茶经验与方法，如使用干仓闷存就有可能会得到较多"沉香"好的茶。干仓闷存由于香气散失仍较严重，加之如果湿度控制不好微生物参与发生发酵，仍会影响茶香的释放与沉积。

综上所述，我们也就不难理解为什么市场上那么难找到真正"越存越香"的老茶了。

3. "发酵"概念的误读存不出"沉香"好的茶

发酵是一个现代概念，历史上的各种茶类的分类及制法中都没有发酵之说。

发酵的准确概念是指微生物作用于动植物的过程，它属于动植物的外分解过程，目的是分解动植物尸体和残留物，完成物质循环过程。如果人们根据需要在发酵过程中中止微生物作用，中止发酵过程就可以得到具有特殊风味的产品。如普洱茶的渥堆熟茶，如甜白酒，如酒类、药品类等等。

长期以来人们一度将酶的作用称为发酵，将具有催化作用的酶称为"酵素"。"酶"英文名enzyme，较长时间来一直译为"酵素"，将其作用于动植物内部的催化反应过程称之为"发酵"。受酵素说的影响人们将红茶称为全发酵茶，乌龙茶称为半发酵茶，将绿茶称为不发酵茶，将普洱茶生茶称为后发酵茶。现代学者的研究已经证明酶的作用是动植物内部的催化反应作用，它完全不同于微生物的发酵，它可以配合外部微生物的分解过程。现在已经不再将enzyme称为酵素，也不称酶的作用为发酵。长期以来茶类中发酵、半发酵、轻发酵、后发酵茶的分法就应该改变。真正可以称发酵茶的是黑茶和渥堆普洱熟茶。

长期以来由于人们把酶称为酵素，把酶作用称为发酵，于是就把酶作用和微生物作用混淆，理解为是相同或相近的作用原理,受这种误解的影响，人们在制作和保存普洱茶时就强调普洱茶"要发酵""要后发酵"，由于把酶作用与微生物作用的混淆，于是在普洱茶制作过程中就出现了轻发酵制法，在存储中就产生了湿仓存法，产生了强调存茶要通风（氧气）、要湿度超过80%，必须要有充足氧气，要有微生物参与等等观念与方法。这就错了，大错了。90年代以来人们逐年增多了普洱茶的存储，十多年过去了发生了什么？找不到"越存越香"的茶，存放的几乎都是越存越不香的茶。因此在新制定的普洱茶标准中，在一些普洱茶书和资料中已经不再写"越陈越香"。究其原因就是因为对发酵的误读，把酶作用与微生物作用混淆了。

观察中已经发现，有微生物参与的分解过程（发酵），其分解速度快，能量释放快，能量释放以热量为主，如动植物腐化时的发热，渥堆熟茶渥堆时的发热。而没有微生物参与，主要靠酶的内部催化和其他内部作用促成的变化，速度会慢，能量释放不激烈，以茶叶而言，不是以热能为主释放而是以香味释放为主。

4. "陈香"用词误导人们对普洱茶香的判断。

我们不能说"陈香"一词用错了，酒也有"越陈越香"的说法。关键是"陈香"一词容易产生误解。"陈"容易让人误解的第一点是误读为"陈旧"，这种误解就会认为"陈香"是陈旧之香，是老房子、老木头味道，最高境界是木香。第二个误读是"陈列"，认为"越陈越香"是要长期陈列摆放，"陈列"

就会把存茶理解为可以随意存放，不必讲存放条件，任何地方，任何人都可以存，只要避光通风就可以，甚至打个架子把茶饼开包拿出来像样品一样一饼饼摆起来"陈列"。我们仔细去看近年的茶书茶文章中关于存茶的部分，几乎都是"普洱茶门槛低，制法简单，存法简单"的观念。

因此应该把"越陈越香"改为"越沉越香"更为准确。"沉"就是"沉积"，是沉积之香，要能沉积当然就要讲究方法，不能随便存放。

5."沉香"的例证

例一，50年代大红印，香港仓储后转台湾自然存放近十年。冲泡后汤红亮，滑甜，稍涩，无香。

例二，1992中茶饼，昆明自然存12年后转广东自然存六年。汤红亮，汤中有苦涩，有少许蘑菇味，无香。

例三，老沱茶，存期近40年，昆明自然存放，沱面有少许霉点，干闻有类似梅子香的茶香，汤红亮，稍甜滑，微香。

例四，80年代勐海茶厂7542，香港干仓闷存，新开仓出时饼、汤都有突显沉香。汤红亮，较甜滑，尚有苦涩，香入汤中，30泡有仍有香。开仓后自然存2个月后，饼、汤香明显降低。半年后香基本散失。

例五，景迈古树茶饼，2001年制作，自然存于思茅9年。汤稍红明亮，苦涩仍明显，饼有少许蜜香，汤中有花蜜香，甜滑。

例六，2005年景迈古树茶饼。广东自然仓、思茅自然仓、思茅密封存（用环保塑料袋），香味变化对比。

存放地点、方式	一年	二年	三年	四年	五年
广东自然仓	香显	香较显	香较显	尚香	微香
思茅自然仓	香显	香显	香较显、汤中微香	香较显、汤中微香	尚香、汤中微香
思茅密封	香显	香突显	香突显、汤中出香	香突显、汤中有香	香突显、汤中有香

从以上例子可以明显看出：①湿度过大的广东自然存茶香味散失比较快且严重。②云南自然存放香味散失比广东慢。③相对密封干燥的存储茶香保持得好。④已经有较好沉香的老茶出仓后不加以密封香气会很快散失。⑤自然干燥保存的老茶香气散失严重。⑥密封保存的老树茶香气保存好，而且3年后茶香进入茶汤。

6.越沉越香是否有时间限定

普洱茶在干燥的条件下，相对密封保存可以越沉越香从理论和实践中已经证明是可行的，但"越沉越香"的"越"必然是相对的而不是绝对的，"越"不可能无限度，"越"可以有多少年这是一个只能推论性回答的问题。首先它受存储方法与条件的影响，茶叶保存的密封程度决定了香气散失的速度，同时密封程度还决定了酶参与反应的程度，因此同样密封的茶密封度高，空气湿度低，温度低的香味保持会更长但变化速度会更慢。究竟可以有多少年目前当然没有直接实物证据，但可以有间接实物证据，这个实物就是故宫贡茶。对普洱茶有较多了解的人都知道，普洱茶随着时间的推移其汤色口感滋味发生变化的同时，茶饼的松紧度、色泽也会发生变化，这种变化当然与存放环境条件相关。有些存于港台的号级茶只有几十年，但饼身松脱，饼色变红黑色。而故宫金瓜贡茶虽已存放150年左右，但从地宫仓库中请出时仍然条索分明，老叶与芽头色差分明，叶与芽都没有变红，仍然是普洱茶正常的深黑与金黄色，其色泽与条索表现仍属于茶叶变化过程中的"壮年"期。究其原因当然与北京天气干燥，冬天低温，存于地宫避光且相对密闭有关。如果用调控温度湿度，密闭保存的茶仓存放，其变化速度会慢于故宫贡茶，故宫贡茶已有150年，因此"越沉越香"的"越"有上百年甚至几百年是可以的。

7. 让普洱茶越沉越香的存茶方法

首先茶仓要有温湿调控设备。在存放观察中发现，温度低于20℃酶的活性降低、茶香释放降低，茶变化速度减慢，香气释放与茶叶变化最佳温度是20℃~45℃。

湿度过高会影响茶香的沉积，湿度超过70%时，湿气对茶香有抽吸功能，会让茶叶快速失香，湿度过低也会影响香气释放，最佳湿度是40%~65%。

其次要密封保存。这是决定能否越沉越香的关键。茶仓要密闭，门窗加密封条，由于茶仓的剩余空间也会吸收大量茶香，因此将茶整筒或整件用环保塑料袋封存会更好。

再次要避光，光线穿透力很强，在有正常光线的房间中单饼放置的茶，一年后就会氧化变色变味。

通过认真的原料选择、制作工艺改良、存储条件改进后存放出的茶，会有很好的越沉越香的表现，追求越沉越香的茶人不妨称之为沉香派，在目前喝普洱茶的人中，还有喜欢自然仓的干香派、注重汤色的红汤派，习惯喝轻度发酵味的异香派，喜欢渥堆熟茶的熟茶派，喜欢喝新茶的生茶派等。各派喜好不同当然不必都用同一种存茶法，也可以百花齐放。

8. 普洱茶原料与越沉越香的关系

在实际存贮中我们观察发现茶香释放的强弱程度与茶树的树龄、茶园的生态环境、茶园的海拔、纬度等都有密切关系。一般而言，老树茶强于小树茶，乔木茶强于台园茶，有森林环境的老树茶强于无森林环境的老树茶，纬度低的靠南的茶强于纬度高的靠北的茶，海拔适度（1400米~1800米）的茶强于海拔过高过低的茶，大叶种茶强于小叶种茶。普洱茶界有一个喜欢使用的词"茶气强""茶气弱"，其实茶气强弱就是茶叶能量释放强弱的表现，也就是香气释放强弱的表现。

老班章

9. 普洱茶制作与越沉越香的关系

能否越沉越香与香气释放强弱有关，因此能促使茶叶香气释放最佳的制作方法就是最合理的制茶方法。

※ 鲜叶采撷后不能闷红，过早发生酶促变不利制成后普洱茶的香味释放。

※ 适度萎凋可以促进制成后的茶叶香气释放。

※ 根据鲜叶老嫩度、脱水度选择合理温度的杀青和杀青程度。

※ 充分的揉捻。

※ 日光晒干。

※ 压饼时的合理力度，饼应该有适度的紧度，不可过松。石模压往往会过松。

※ 合理温度的烘干，烘干温度不应超过40℃，因为自然界的温度一般不超40℃。烘干后的茶饼内水分含量应与干毛茶湿度相同，在9%~10%左右。采用玻璃大棚晒干比烘干要更好。

四、普洱茶的茶气

普洱茶是否有茶气，普洱茶的茶气是什么，普洱茶的茶气从何而来，怎样体验普洱茶的茶气，诸如此类的问题，困惑了很多普洱茶人，也成为普洱茶颇具争议的一个话题。

（一）普洱茶的茶气原理

普洱茶的茶气从体验上似有似无，从理论上传统的茶叶理论无法给出解释，于是只能从气功原理，甚至从玄学角度试图加以说明，由于体验的不突显性和理论的不明确性，导致很多人反对茶气说，认为茶气只是人们凭空想出来的，是不存在的。其实茶气真的存在。所谓茶气就是茶叶内分解过程中能量的释放。在香气原理那个部分，已经说明了茶叶的香气是茶叶内分解时茶叶所积累的物质能量释放的一种方式，茶气是茶叶能量释放的更广义的范畴，香气是茶气的一个最容易感受到的部分。众所周知植物在生长过程中由于生长的需要，从土壤中吸收了大量的各种成分组成的养料，又通过空气、阳光作用在植物体内生成了很多物质，就茶叶而言，粗分就有茶多酚、儿茶素、纤维素、果胶、淀粉、氨基酸、咖啡碱、蛋白质、内脂类、维生素、醇类、醛类、酮类、酸类、酚类等，而细分就更多，据实验分析，仅与茶香有关物质就达数百种，元素周期表中与生命物质相关的元素在茶叶中多数都已测出，茶叶中众多物质成分的结构及功能作用现在也没有完全搞清楚。当植物死亡后，植物不断进化形成的分解功能必须将植物分解，植物中的不少物质成分会以热量、气味、光等能量释放的方式释放，有的物质分解进入土壤。茶气是茶叶内分解过程中物质能量释放的总称。由于茶树的生长环境，包括海拔、纬度、土壤、生态的不同以及茶树品种、树龄等不同，茶树内积累的物质成分的类别、含量比例等也有差异，因而在能量释放时也就存在差异，那些能量积累多的必然就成为茶气强的。我们之所以在实践中发现茶气强弱

大茶树

与树龄、茶区有明显关系，正是居于这样的原理。为什么同一茶区内树龄长的茶气更强、香气更强、更耐泡？因为树龄越长物质积累越多，能量释放越多。为什么越往南的茶茶气越强？因为光照的时间强度更强，光合作用更强，能量积累和释放也更多。树龄、茶区纬度是最容易直观说明的，另外土壤成分尤其是土壤中微量元素的组成也会影响茶叶物质能量积累，因此，同一纬度、海拔的茶也会有茶气强弱之分。

由于茶气是茶叶内分解时能量释放的表现，因而任何一种茶类都有茶气。普洱茶由于树种、生态环境比较优异，老树茶有树龄的优势，制作工艺又适合茶叶的后期变化，这些都会导致普洱茶的茶气明显优于其他茶类，因而也更容易被感受到。这也就是其他茶类少有茶气之说而普洱茶有茶气说的原因。

茶气是茶叶内分解时的能量释放，这也就解释了以外分解为主完成能量释放的渥堆熟茶和湿仓老茶为什么茶气弱或没有茶气。而自然通风方式保存的茶，能量释放加快，茶气也就会更快减弱。

（二）普洱茶茶气的体验

普洱茶茶气是茶叶能量释放的表现，其中最容易被人的感觉器官感知到的是香气。香气在茶叶制作的各个环节以及制成品中、冲泡及品饮过程中都可以体验得到。以普洱茶而言，凡是公认茶气最强的茶，在制成之后嗅之干毛茶或茶饼都会有强烈、持久、深沉的香气，在冲泡时沸水冲入时茶香气开始散发，饮时汤中有香，饮后杯底留香。干茶时、冲泡

时、品饮时、饮后杯底几个环节的茶香强弱就是茶气强弱的最直观表现。

茶气的第二个可以体验到的是身体反应，喝干燥保存的古茶树身体会有发热、发汗反应，根据不同人的身体敏感程度不同发热感的部位、程度会有差别，如有脸发热发红出汗，背脊发热出汗，手心发热出汗，脚心发热出汗等表现。

茶气可以体验到的第三个反应是排毒反应。喝了古树茶后，很多人都会发觉小便味更重，更臭。

茶气可以体验到的第四个方面是茶汤的厚度、质感、耐泡。茶树龄越老其吸收养分、能量也越多，制成茶叶后能量释放也越强，品饮时树龄老的古树茶其汤的质感、滑厚度、耐泡度都会更强。

由于茶气是茶叶能量的释放，这种能量我们人体并不能都直观感受得到，因此茶气的表现及功能方面仍有很多地方需要进一步研究。

五、影响普洱茶品质的因素

（一）原料与普洱茶品质的关系

我们已经知道茶叶品质好坏受茶叶内含物质积累量的影响。也就是茶叶内能量聚集量的影响，香气与杀气强弱是能量释放强弱的表现，而这种积累与生长条件等又密切相关。

1. 大叶与小叶

普洱茶的制作原料是云南大叶种，具有叶肉肥实，芽头肥大，生长期长，内含物丰富的特点。科学测定表明大叶种优于小叶种。云南普洱茶产区的大叶种一年可发 5~6 轮，年生长周期 300 天以上，采撷期从 2 月下旬到 11 月中旬，茶树新梢一年可长140~150mm，芽叶重实，一芽二叶重达 0.8 克。大叶种的叶绿体的基粒片层达 200 层，比小叶种多一倍多。另外，水浸出物大叶种比小叶种高 3%~5%，茶多酚高 5%~7%，儿茶素高 3~6mg/g。

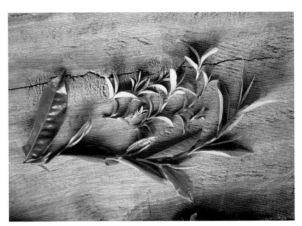

大叶与小叶

用同一古茶区相似树龄的老树所产的大叶种和小叶种作冲泡对比，结果在香气强度、苦涩度、耐泡度等方面大叶种也明显优于小叶种。

2. 乔木与台地

从植物分类上讲茶树都是乔木，但由于茶园高产改造与新台地茶园建设后，茶树生长状态分成了两种主要形状，一种基本不修剪不矮化成乔木状生长，另一种修剪矮化成台阶状，两种茶用于制作普洱茶其品质存在明显差异，因此人们习惯上将那种基本不修剪不矮化的成乔木状生长的称为乔木茶，将那种矮化成台阶状的高产茶称为台地茶、

台地茶

乔木

台园茶。众所周知，茶叶的品质与茶树吸收的养分，与茶叶中内含物质的多少及结构有关，乔木状生长的茶树，一般植株株距较大，其根系吸收养分的范围比密植台地茶要广，另外乔木状生长的茶树因为一般不修剪，发芽点少，芽头少，采撷量少，同样区域、树龄、生态、养料等基本相同的两株茶树，如果一株乔木状生长，由于芽头少一年采制茶 500 克，另一株矮化修剪，采撷面大，芽头多，采撷轮次多，则一年采制茶可以是另一株的四倍以长，超过 2000 克。生长条件基本相同的两株茶，采制的茶量不同，则茶叶中提供的内含物质必然不同，乔木状茶的品质要优于密植矮化高产台地茶就不言而喻了。在乔木状茶树中也还可以分为生态环境好的古树茶，生态环境一般的古树茶，生态环境好的老树茶，生态环境一般的老树茶，几种茶在品质上也有区别。而矮化茶中也分为生态环境好的矮化古树茶，生态环境一般的矮化古树茶，群体种台地茶，无性系现代台地茶，这几种茶也存在品质差异。目前很多矮化老树茶仍然以"乔木老树""古树茶"的名称在制作销售。

3. 树龄

茶树的树龄与茶叶品质有密切关系，在品饮实践中人们早已发现树龄老的与树龄小的茶在茶气、香味、甜滑感、耐泡度等方面存在明显差异，树龄老的品质更好。在研究中也发现老树茶的内含物质更丰富，释放的香味物质成分也多于台地茶。植物的树龄越长，其根系就越发达，吸取养分的面更广，更深，吸收的营养量就更多，营养成分就更丰富，茶叶中的内含物质也就更多，结构也更丰富。树龄与茶叶品质的关系用中药来比较就更容易理解。中药中人参、三七、何首乌等都强调树龄与品质关系，虽然有些抽象但实际效果真有差异。在普洱茶树龄习惯划分上，民间有古树茶、老树茶之分，这种划分基本是一种概念上的抽象划分，有人主张树龄百年以上的称古树茶，树龄 40 年至 100 年的称老树茶，但在实际划分时也并不明确，有的名山古茶园中树龄不到百年的茶也会被称为古树茶，而有些名气不大的古茶园中树龄几百年的会被称为老树茶。

还要说明的是茶树的高矮粗细不只与树龄有关，还与水、肥供给，修剪习惯等有关。同时种的，长于山坡，干径 10 厘米，长于田地边可达 20 厘米，有的宣传不顾事实动辄几百年、上千年的乱讲。

4. 生态环境

生态环境好坏与普洱茶品质有直接关系，生态环境越好，茶叶品质越好。其原因主要有以下几点。第一生态环境好的茶园，茶树与森林伴生，生物多样性有利于利用生物的相生相克原理，茶树上如果有害虫会被森林中的其他生物吃掉，这就有利防止虫害扩大，也就避免了使用农药。第二生态环境好的茶园，茶树与森林伴生，森林中的枯枝落叶形成了腐殖层，为茶树提供丰

富的养分，茶树不需施肥也能很好生长并保证茶树养分，保证茶树内含物质的积累。

5. 纬度

普洱茶的中心地带主要分布在北纬21°30′~24°30′之间，北回归线横穿中部，具有低纬度、季风与垂直气候特征，这一区域内干湿季明显，湿季降雨充沛、太阳辐射强，日照时间长，水、湿、光、热等有利茶树生长的自然条件优异。霜冻、冰雹、雪等对茶树生长不利的自然灾害性天气现象发生率低。从实际的茶叶品质的品鉴中，纬度与品质关系明显，一般性而言纬度越低则茶的茶气、茶味、香气更强。普洱茶界公认的好茶主要分布在北回归线以南，而且多数在北纬22°30′以南。班章、景迈、贺开、巴达、南糯、易武、攸乐、倚邦、蛮专、革登、莽枝等都在这个区域内，而茶气茶味最重的班章、章朗、曼迈等则都在21°30′附近。经测定北纬25°以上地区的茶叶水浸出物为41%~46%，茶多酚为30%~33%，儿茶素135~150mg/g，而北纬21°~24°的茶叶水浸出物47%~48%，茶多酚33%~36%，儿茶素170~190mg/g。因为纬度越低，茶树的光照时间、光照强度越强，茶树内的物质积累，能量聚集也就越多。

6. 海拔

茶叶界素有"云雾高山出好茶"之说，云南人做茶受此说影响，也喜欢宣传某某茶产于某某高拔之类，似乎海拔越高就越好，其实是不对的。"云雾高山出好茶"用于浙江、福建等茶区是可以的，因为那些茶区的茶园海拔多在几百米，超过1000米的很少。云南属于云贵高原，普洱茶产区海拔从数百米到2000多米。海拔越高气温越低，所以海拔过高普洱茶品质未必越好，从普洱茶的实际分布看，最佳海拔应在1400~1800米。老班章茶园1700米左右，景迈茶园主要分布1500~1600米，冰岛1670米，曼迈1510米，章朗1590米，困鹿山1640米，南糯山1400米，莽枝1382米，娜卡1650米，而一些海拔超过2000米的古茶园的茶叶具有茶气弱、茶味偏淡的特征。

7. 野生型、栽培型、驯化型、过渡型

野生茶是未经人工驯化的植株，其体内含有对人体不利的有毒物质较多，很多人饮用野茶后有恶心、呕吐、头晕、小腹痉挛、腹泻等症状，且野茶的口感滋味也不如栽培型茶，野茶只应该作为一种物种资源保护研究，不应该制成产品销售。近年曾发生过野茶炒作，使野生茶树资源遭到一定破坏。之所以出现野茶炒作应该与一些书中使用的误导性词汇有关，在一些介绍普洱茶的书中将栽培型乔木老树茶称为"野生茶""栽培型野生茶"，而云南正好尚有大量的真正野生茶树资源，于是就出现了野生茶的炒作。

栽培型是指经过人工驯化优选出来的茶树，包括数百上千年前已经驯化栽培的乔木老树茶，也包括现代用种子繁殖的群体种和无性系培育种。这些茶树经过长期优选和驯化，茶树内的有毒物质大大减少，对人体有利的物质增多，口感滋味更佳。

驯化型是指正在驯化中的野生茶树，这种茶树在景东、云县、凤庆一带有一定数量，当地人称为"本山茶""大山茶"等，驯化型茶树一般都十分高大，树龄上百年甚至千年。所谓驯化是指该茶树本来是野生茶树，因生长于村旁，毒性较小，长期被当地人采撷制茶饮用，不断的采撷修剪会使茶树的发芽率提高，茶树内有毒物质被分散而降低，多年驯化后这些茶树的树型、叶、制成品都已经与野生茶有了区别，其制成品的色泽、口感滋味还带有较多的野茶特征，如干茶色泽较乌黑，存放数月后汤色就开始转红，茶香突显但分解较快，自然存放一年后基本不香，香型不同于栽培茶而更接近野生茶，苦涩度低，滋味偏淡，回甘一般。

驯化型

过渡型茶以澜沧邦崴 1100 年大茶树为代表，在景东等地有分布。过渡型指该茶树介于野生型与栽培型之间，其树型、花、果、叶尚有野生茶特征，还不是完完全全的栽培茶，但它的生态特征和制成品已经很接近栽培茶，它比驯化型的驯化程度更高，它可能是历史上驯化型的后代甚至多代种子栽培茶。过渡型的茶叶制成品的色泽条索已经与栽培型无异，茶的香型、茶味突显程

邦崴大茶树

度也相似于栽培型，较明显差异在于其汤色偏淡偏浅，苦涩很低，汤中带甜，耐泡度高，第一泡到 20 多泡汤色、口感滋味基本不变。

在野生型、驯化型、过渡型、栽培型中，野生茶是不能制作成品饮用的，驯化型的制成品口感滋味不佳，过渡型产量有限，制作普洱茶主要还是要用栽培型。

8. 群体种与无性系品种

群体种指的是通过异花授粉后的茶树种子繁殖的茶树，异花授粉使茶树品种丰富多彩，同一茶区

内形成品种多样性。在无性系培植技术推广前种植的茶树都是群体种，包括古树茶以及无体系推广前的台地茶。群体种茶园的茶种多样，是制作普洱茶的好品种。

无性系是指用所选定的优良品种进行单株枝条扦插育种而成的品种，这种育种方法育成的品种，全品种系的生态特征完全一致，制成的产品色泽、条索、口感滋味高度一致。是制作红茶、绿茶、花茶、渥堆熟茶的好原料，也可以制作普洱茶。无性系品种培育推广从 80 年代大步推进，现在云南省的茶叶产量中无性系品已占重要部分。

9. 拼配与纯料

普洱茶的大企业为制作品质特征相同的产品且要保证有足够的产量必须使用拼配的方法，比如勐海茶厂的 7542、7572 等。拼配的最大优点是可以保证同一品系产品品质特征的稳定性。所谓可以通过拼配求得最佳口味，可以用于渥堆熟茶制作上，不宜用于普洱茶生茶制作上。普洱茶是具有特殊风味的地方性特种茶，每个山头、每个茶区的原料制成的普洱茶都有各自的风味特征，它可以使普洱茶的产品种类和口感滋味丰富多彩，给普洱茶爱好者得到多种口味的选择，也可以使普洱茶更加丰富多彩。拼配会磨灭不同茶区普洱茶的风味特征，破坏多样性，尤其是用古树茶与台地茶的拼配，用一个形容词来表达可以叫暴殄天物。

纯料老班章

原勐海茶厂厂长卢云根据八十年代 88 青饼配方拼配而成

（二）制作环节对普洱茶品质的影响

1. 采撷时间

采撷时间对普洱茶品质的影响与采撷后的制作条件有直接关系。如果不考虑制作条件则只要有芽就可以采。但考虑到制作条件则采撷时间就会对普洱茶品质产生影响了。例如雨季采茶如果没有摊晾和干燥设备则茶叶极容易闷红变质。同样的如果下午采茶没有摊晾条件或干燥设备闷到第二天制作也会闷红变质。一般而言采撷从早上日出后进行最佳，日出后茶叶露水干后采撷，采后摊放不要闷到，然后进行适度萎凋后进行杀青、揉捻、日晒。以当日干燥最佳，至少要超过半干后摊开晾放，避免闷红变质。

采撷时间与品质的另一个重要关系是月亮的影响。民间早已发现月亮对植物的影响，比如认为月白的萝卜会泡心，月白砍的木材、竹子容易虫蛀等。现代科学已经证明月亮的引力对地球及地球动植物影响很大，海洋潮汐就是月亮引力引起的，月圆前后几日月亮引力会让植物内水分含量降低，而月黑前后几日植物水分含量较高。根据这一原理，月黑前后几日采撷的茶叶品质要优于月圆前后的。这里讲的月黑月白采茶不是说要夜里采，白天采也一样。实验证明：月圆、月黑时各采同一茶园的鲜叶

2000 克，用同样加工方式制成晒青毛茶，月圆时的制得干茶 530 克，月黑时的制得干茶 580 克。重量上的差别十分明显。冲泡对比：月黑茶汤质较厚、苦涩较重、回甘较强，可以泡十多泡。月圆茶汤质淡薄、回甘一般，可以泡近十泡。由于茶叶生长不分月黑月圆都在进行，作为茶农或茶场当然无法分月黑月圆，但作为收藏者则可以选择。

2. 萎凋程度

适度萎凋可以降低茶的苦涩度，提升茶的香味。萎凋在普洱茶的制作过程中并不是一道必备程序，在过去制茶时萎凋的发生有时只是因为茶地距加工地过远或茶树分散不能很快收拢而产生的。但在实践中进行较重萎凋制作的普洱茶比不萎凋或轻萎凋的茶苦涩明显降低，香味明显提高。其原理应该是萎凋的脱水过程加剧了茶叶内部的酶催化等理化反应。红茶、乌龙茶的香味主要就是靠萎凋与做青得来的。

萎凋程度较重会产生的问题主要是黄片增多，损耗加大。有的茶厂、茶农为了减少黄片会在杀青时对发生了萎凋失水的茶叶喷水增加水分再杀青，虽然减少了黄片但加水杀青会改变茶叶自然的水分结构，影响品质，如果因加水而引起了微生物参与的发酵则对普洱品质的影响就会更大。

3. 杀青方式与程度

杀青是普洱茶制作的必要程序。杀青与普洱茶的独特风味形成有关。杀青的作用一是利用高温杀死一部分活性酶，减缓茶叶的变化速度，因为活性酶太多，活性太强，茶叶会快速红变，色、香、味都会与普洱茶不一样。杀青的高温虽然会杀死一部分活性酶，但由于鲜叶中茶叶细胞水分的大量存在，可以保留足够的活性酶来促成普洱茶的变化。杀青的第二个作用是让茶叶熟化，减少茶叶的生味。杀青的第三个作用是软化茶叶，让茶叶既方便揉捻又不易揉碎。

历史上杀青方法很多，锅炒、蒸、开水捞、日晒、火烧等。但公认最好的方法还是锅炒，但是农户用家用铁锅炒茶问题较多，锅温的控制、炒制的时间控制较难，烟熏味、焦糊味等会出现。使用可调控转速、温度的杀青锅是最佳选择，因为杀青温度虽然理论上说在 180~200℃，但在实际操作中必须根据鲜叶的脱水程度、老嫩程度等进行调节。在很多没有初制所、没有现代杀青锅的古茶山，最佳方法是由某户人家或由村子选定一户购买现代杀青设备，其他人的茶拿去加工，出加工费后自己销售。

4. 揉捻程度

揉捻与普洱茶的口感滋味、香气等有密切关系。揉捻刺激了茶叶内的细胞活力，加速酶的催化作用，同时揉捻对茶叶细胞的破坏也让茶的内含物更充分的浸泡出来，因此揉捻一定要充分，在习惯做法上还有初揉、复揉的工序。现在使用揉捻机可以让揉捻更到位。揉捻时，鲜叶的老嫩度与揉捻程度有关系，对一些比较粗老的茶叶揉捻程度尤其要加强，至于轻揉做泡条的方法不是普洱茶的好的加工方法。

5. 日晒条件

日晒是为了让揉捻后含水量很高的茶叶快速干燥，利用失水和日光杀死微生物，防止茶叶发酵霉变。日晒干燥是一种完全自然的干燥方式，干燥后的茶叶内保存了大约 10% 左右的茶叶自身的细胞水分，这样的水分含量一方面可以防止发霉，另一方面又可以满足茶叶内部进行内分解活动必要的水分条件。另外日光的温度和射线可以杀灭茶叶的一些细菌防止霉变，又可以刺激茶叶内部的物质运动，20℃~40℃的温度最适于酶的活性发挥，使茶叶分解中产生出新的香味物质。晾干和烘干效果会差一

些。传统的日晒主要靠晒场、竹席、竹簸箕等，这种晒干一是要防雨，二是要防异物进入。最好的日晒是建盖专用玻璃晒房来进行，根据茶叶量可大可小。在蛮专茶山曾见过建在平顶房屋顶上的约 4m² 的小玻璃晒房。至于在茶叶干燥过程中"打毛火"则只能在实在无法处理的的时候，因为酶的活性在 60℃以上就会逐步中止，因此万不得已要打毛火也要把温度控制在 60℃以下。

日　晒

6. 关于"发汗"

发汗指普洱茶毛茶日晒干燥后不马上压饼而是存放一定时间，让茶体内多余水分继续蒸发以达到合理平衡的自然水分含量。这种发汗对于从不同农户或初制所收拢的茶尤其需要，因为各家各户的茶叶干燥程度会有差别。发汗的时间没特定标准，秋茶一般从 10 月左右发到第二年春天，大约半年就可以。春茶由于制成后很快进入雨季，最好存到雨季结束后，也就是存半年左右。发汗的存茶方式比较讲究，要认真仔细处理。一是存放过程不可开放散堆，开放散堆会让香味大量释放。二是不可受潮。因此须用环保型比较厚的塑料袋密封保存，塑料袋要厚到不会让茶梗随便戳破。用塑料袋保存可以防香味散失和受潮。但塑料袋密封还必须注意另外一个问题，毛茶水份不能过高，过高密封后如有相对高温会在袋子中产生蒸汽而让茶叶发酵变质。因此毛茶收来后最好先放一个月左右蒸发掉一些水分后再加塑料袋密封。

7. 压制松紧度

传统的压饼因受当时条件限制一般用石模压制，现在仍有不少"遵循古法"的石模压制茶，其重要理由之一是石模压制饼身较松，利于空气进入，可以加速后发酵。在茶叶香气一章中已说明普洱茶的变化主

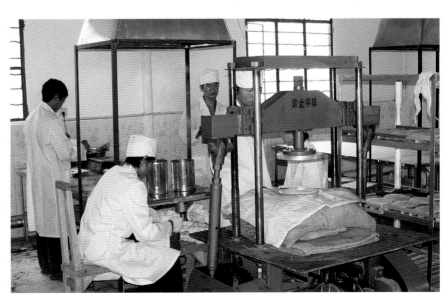

要是茶叶内部酶的催化作用，同时茶叶内分解使内含物质以香味等形式进行能量释放，茶叶压得过松不利于香气的保存。因此压制紧压茶时适量的压紧是可以的，当然不能紧到难于撬开。在合理控制松紧度前提下使用机械压制其实是更加便捷和卫生的方式。

8. 压饼后的干燥

茶叶压饼时要先蒸软，这就会吸入水分，压制完成后就有一个干燥的问题，传统的方法是晒干或晾干，由于晒干、晾干是很自然的方法，日晒一是可杀死微生物防止发酵，二是让茶体水分保持在9%~10%的最佳比例，干燥后的茶叶水分含量正好符合茶叶内分解作用的水分，因此在气候条件适宜的季节使用自然干燥是最佳选择，有玻璃房最佳，干燥前后测试水分含量，干后水分达到蒸压前毛茶水分就正好。

现在的工厂生产基本都使用烘房干燥，这种干燥法存在的主要问题是易发生高温会让酶失活，还会让茶叶干燥过度。正常的烘干应采用不超过40℃（自然温）的温度，烘晾结合，烘一天晾一天再烘，或烘半天晾半天再烘，直至达到毛茶原水分量时中止。烘干的作用是将蒸软毛茶时吸入的水分烘出，不能烘掉茶体中原有水分。烘晾结合是要在晾时让饼心吸入的水分散出再烘去。但现在工厂化生产常会发生出货量大而烘房有限的矛盾，就可能会采用超过60℃高温一天烘干，或者为了怕麻烦用40℃左右连烘几天，或者为了防饼心长霉把烘晾时间加长，将水分多烘去一些。很多茶厂为了防止产品重量不足，又怕长霉，在下料时每饼用加10克方法下料，即每饼下料367克，烘成357克，如果用357克毛茶压饼，烘干后就只有350克。如果毛茶水分是9%，经正常干燥后的水分仍应是9%，但烘干过度的茶水分会低于7%，低于7%的茶存一段时间会从空气中吸水分回到9%，但重新吸入的水分不是茶叶体内自带水分，对茶叶变化是不利的。现在我们国家的茶叶水分含量标准绿茶是不高于7%，乌龙茶不高于7.5%。如果把普洱茶水分降到7%就会影响茶叶的后期变化，出现绿茶化现象。还好在绿茶烘干温度是100多度，普洱茶在40℃~60℃没有那么高，让茶还可以变化。烘干时超过60℃的高温会中止酶的活性，因此切不可以发生。

9. 包装材料

传统的普洱茶包装使用笋壳包、竹篾扎、竹筐装，饼无外包纸。这种包装方法是利用普洱茶产区的竹资源，材料易得，价格便宜。使用这种包装法的不利方面是：易跑香，竹筐堆码难齐整，如果笋壳干燥不好会生霉，竹筐和竹篾砍的季节不对易生虫等。现在由于纸袋、纸板箱方便便宜，包装材料不必强调遵循古法，只是在使用时要注意一些问题。一是包装纸在包装前一定要吹干，要吹去油墨味，防止异味吸入茶中。二是如使用牛皮纸袋要注意先检查是否有异味，使用笋壳要检查是否有霉味，有的话要清洗晒干或烘干。为防竹篾长虫可以用铁丝。三是使用纸板箱不要用竹筐，竹筐易跑香，堆放不方便且易生虫。用纸板箱一定要先检查是否有异味，有的纸箱制作时纸浆发酵变酸，纸箱会有明显的酸臭味，装茶就会吸入茶中。如果包装时要加塑料袋保香，则一定要用环保型无异味的塑料袋。

10. 轻度发酵

轻度发酵是指有微生物参与的发酵，属于外分解活动，凡是有微生物参与的发酵，都会导致茶叶能量的快速释放，因此轻度发酵的茶虽然茶汤变红速度加快，但一般茶香都不好，发酵度低存得好会有沉香但会不佳，如发酵度较重则很难存出越沉越香。轻度发酵有无意发生和有意为之两种情况。轻度发酵一般主要会在以下几个环节发生：一是揉捻后没有马上干燥，水分多让微生物繁殖产生发酵，轻的茶会变红，重的就变成黑茶。二是在毛茶存放过程中湿度过大会让微生物繁殖导致轻发酵，一般而言当空气湿度超过 80% 后就容易有微生物繁殖，如果人为加水分则繁殖更快，渥堆熟茶就是加水发酵而成的。三是压制茶饼后蒸茶时吸入水分没有完全干燥，导致微生物繁殖，这种发酵长霉最容易发生在茶饼内部，外表会看不出。金瓜、茶柱、竹筒茶发生这种发酵的可能性尤其大，因其内部干燥较困难。四是存放过程中空气湿度过大导致微生物繁殖产生发酵霉变，其表现是茶饼外部出现霉变，茶汤较快变红。轻度发酵会加速普洱茶的红变。但会产生出很难喝的轻发酵的气味，要十多年后才能去除，得不到真正的好普洱茶，因此要防止发生。

（三）存贮对普洱茶品质的影响

对于普洱茶的存贮，多数茶书、文章都说只要自然存放就可以，也有说只要人可以在的地方就可以存茶，其实不然。存贮是形成普洱茶越沉越香品质的非常重要的环节，绝不可大意。

1. 光线、湿度、温度、密闭度与普洱茶品质的关系

光线：在前些年的普洱茶书刊中对光线影响基本没涉及，近年开始指出要避光了。光线具有很强的穿透作用和促氧化作用，紫外线会直接影响酶的活性，是普洱茶存放中必须避免的。不避光的普洱茶，单饼摆放，不需阳光直射，只需放在有自然光、灯光的室内一年就会有明显的异味，有人称"日臭味"，类似于腊肉放长后民间称为"哈"的味道。如果单饼放在阳光不时会照到的地方三个月后就会有异味，而且还会快速跑香。很多卖茶人、买茶人不懂这个道理，很多茶店架子上一饼饼一堆堆摆放，用一句话评说：可惜了那些普洱茶了。家庭存茶最好放在纸箱内。茶店架子上尽量少放茶，只放必需的样品，

买茶人不要买架子上的样品，卖茶人不要拿架子上的样品来泡给客人，因为那个茶可能已经变味变质。

湿度：湿度过大是普洱茶存贮的头号杀手。过去由于受发酵说的误导，认为普洱茶变化一定要有微生物参与发酵，发酵就要有温湿条件，因而很多书中主张存茶要有足够湿度，空气湿度超过 80% 都可以，存茶室过干还主张要加湿。加湿的确可以促微生物繁殖，加速普洱茶汤的红化，但一定得不到高品质的越沉越香的普洱茶。普洱茶的正常变化利用的是晒干后保存在茶叶中自带的 9% 左右的细胞水

分，外来水分进入普洱茶不会帮助普洱茶向好的方向变化。据实验观测，普洱茶 45%~65% 湿度值时茶香释放最佳，超过 70% 后，空气湿度会将茶叶释放的香味大量吸收，加速普洱茶香味释放，不利于越沉越香。超过 80% 后微生物会逐步加速繁殖速度让普洱茶发生外分解的发酵，导致霉变变质。因此存茶地的湿度控制在 65% 以下最佳。

温度：温度会减缓或加速普洱茶的变化。在 20℃~45℃时酶的活性最佳。低于 20℃会减缓普洱茶的变化，相对高温（30℃~45℃）会加快普洱茶变化，但如果是高温高湿（30℃多度和 80% 以上湿度）就容易使微生物繁殖，加速发酵霉变。有的书上说高温会让茶变酸，但在实际实验中没发现这种结果，根据自然高温一般不超 40℃的情况，将茶密封保水分后放在高温烘房内 2 年，没发生变酸；实验中，生茶变化不明显，渥堆熟茶的酵味明显减退，香味提升明显。因此存茶时自然的温度不必防高，如有条件在冬天适当加温会更好。

密封度：受传统发酵说的影响，一直以来都主张存茶要有相对高的湿度和通风。要用通风促氧化发酵。但通风正好是普洱茶越沉越香的大敌，良好的通风再加上每年有近半年的 70% 以上的湿度，把茶叶释放的香味不断吹走、吸走，几年后茶香就会基本跑光。存茶时通风度与越沉越香是一对矛盾，密闭度过大则茶叶变化速度会减缓，而如果通风保存则普洱茶就不会越沉越香。在普洱茶的香气原理中已经讲过，茶香是茶叶内分解时的能量释放过程，内分解是一个十分复杂的过程，酶催化是其中重要一项，酶的种类很多，有需氧的，有厌氧的，仅就酶作用而言，通风度好有利需氧酶作用，通风度不好，主要靠厌氧酶作用，另外在内分解过程中原子核反应起多少作用，是否起作用尚待研究。

因此存茶室通风与否关键受存茶目标的决定。如果要想得到越沉越香的茶则茶仓要密闭。如果不追求越沉越香，只追求变化速度和喝红汤则可以通风存茶，甚至加湿存茶。如果要追求古树茶、山头茶的独特风味，存茶则一定要密闭，保住香气才能保住各山头的特征和山韵。古树茶、山头茶用通风方式保存几年后会特征尽失，一二十年后与台地茶差异会很小。另外台地茶密封保存同样也会越沉越香，只是香型和香的程度不如古树茶。

2. 越沉越香的存贮方法

封闭式茶仓存茶：茶厂、茶商、有条件的存茶人可以设计封闭式专用茶仓，其要求条件一是闭光，可以将茶仓窗子一次性封死，屋内完全无光。二是防湿，在一楼要做防水层，加地板，地板下加入防水材料如石灰、木炭之类，装除湿机，在湿度接近 70 时就开机抽到 65% 以下。除湿机安装最好是自动排水到室外，人尽可能少进茶仓以免开门跑香。三是封闭防跑香。门上要加密封条，人尽可能少入茶仓，茶仓内空间尽量装满，空闲空间过多则跑香也就会多。如茶仓在楼上则要考虑楼板承重问题，用现有的房间要计算房间空间与可放置重量的关系，如果是专门新建则可以一次性计算好承重支撑，每平方米承重要在 400~500 千克才有利于放满空间。由于影响普洱茶变化的酶的种类很多，不同酶对湿度、温度会有不同要求，因此不建议用恒温、恒湿方法。

家庭式存茶：家庭存茶要视存量和存茶条件而定，如存量大，可以单独用一个或几个房间存茶则可以参照专用茶仓存法对房间进行改造，加除湿机。如果存量不大且无专用房间则可以采取以下方式：茶用无异味环保型塑料袋装起来，封上袋口再放入无异味纸板箱，如果是整件购来的茶，又不愿开封则可以用大塑料袋整件装入密封，密封过的茶全部放入同一房间，该房间加避光窗帘，如有可能平时不要开窗开窗帘，让房间尽可能避光，同样该房间的房门平时关闭，尽量少开。如果存茶较多则可以购买家用除湿机在湿度大的季节不定期的除湿，让房间湿度不要超过 70%。

六、普洱茶的收与藏

（一）收藏普洱茶的理由

收藏普洱茶一定要避免盲目性，要搞清楚自己为什么要藏茶。收藏目标会决定收藏的数量、品种、价格等。

收藏普洱茶的原因归纳起来大约有4种：投资升值或保值、自存品饮、纪念、作为研究和文物保护。在4种原因中，大多数人存茶，尤其是较多量的存茶应是为升值保值。

普洱茶曾被宣传为是可以喝的古董，普洱茶可以长期存放，普洱茶存法得当可以越沉越香，普洱茶会升值，普洱茶老茶、古树茶数量有限，这些理由足以让很多人把普洱茶作为升值保值的选择了，同时也让普洱茶成为中国市场上继股票、房产之后的又一个可炒作物。目前中国市场上可炒作的且被炒作的主要有：股票、房产、茶叶、黄金、玉石、古董、字画、兰花等。80年代以来股票、兰花已经历过两轮炒作热，普洱茶在2007年经历了暴涨暴跌，但主要是新茶，在2005年以前制作的茶在2007年后基本没有跌价，只是销量减少，而一些珍稀老茶则一直在升值。2010年荣宝春拍普洱茶专场，鲁迅收藏的一盒清宫流出的普洱茶膏，共28块，拍出100.8万元。古树茶由于产量少、品质好、风味独特而长期受爱好者青睐，老班章在2007年卖到每千克1000元，2008年跌到每千克400元，到2010年老班章又再次升到每千克1000元。景迈茶2006年是每千克160元，2007年升到每千克600元，2008年跌到每千克150元，但到2010年又升到了每千克300元。列举这些数字是要说明普洱茶作为可以投资升值保值的选择性产品的地位仍然不变。

自存品饮也是普洱茶收藏的一个理由。因为普洱茶是一种具有很好保健功能的饮料，而普洱茶具有越沉越香，越存越好喝的特点，而存贮多年的茶价格又会比较高，这就让喜欢喝普洱茶的人们要考虑自存自饮的问题了。用一个较低价位买些适合自己口味的新茶存起来，将来慢慢喝就不受老茶价高的影响，如果有交际需要拿点出来送礼则又实惠又有面子。当然要强调的是这种少量的存茶更要注意保存方式，量少反而容易导致存多年后品质不佳。

纪念茶的品种数量很多，收藏纪念茶要多从纪念意义上去考虑，少从升值投资去考虑，回顾这些年被炒作过的纪念茶，热潮过后很多跌价都很严重，有的跌到原价，有的跌到原价之下，究其原因一是发行数量一般较大；二是纪念茶一般不会因被饮用而减少；三是销售定价大大超过茶叶价值。比如有的纪念饼，原料十多元、几十元一饼，加几十元包装，成本不到一百元，而定价可以到几百元甚至千元。因此收藏纪念茶要多从"纪念"入手，一是与自己直接有关的，如结婚纪念茶，出生纪念茶等，二是与自己间接有关的，如本单位、本地区因重大事件而制作的纪念茶。

作为研究和文物的收藏应该主要由政府和研究机构来进行，个人可以做一些专题式收藏，研究和文物式收藏品应该包括各个时期、各企业、各产地、各山头的代表性产品，也包括有代表性的纪念茶。作为研究有的产品还要注意收集的系列性、连续性以便于对比研究。

（二）收藏的风险

作为自己品饮、作为纪念、作为研究的收藏不存在风险，有风险的是作为投资的收藏，有一句名言"凡投资皆有风险"。作为投资的收藏一般存量会比较多，投入资金也比较大，风险性也会加大。作为普

洱茶收藏投资的风险主要有以下几个方面，一是在被热炒时高价位入市，例如 2007 年老树茶比 2006 年涨价 2 至 3 倍，台地茶涨了 4 至 5 倍时高价位购入，当然那些茶如果保存得好，也只算被套几年。二是买了一些价格与价值距离大的茶，如这几年的紫娟，纪念茶，大企业的名牌茶，出厂定价很高。由于茶是用来喝的，是喝品质而不喝名字、喝包装纸，这些茶存十年后其口感品质与一般台地茶产品

没有太大差别。例如紫娟新制成时可以泡出紫色汤，非常漂亮，但一年后紫色就开始转成黄色。三是保存不当。普洱茶的存放要求是比较高的，并非像这些年一直宣传的"存放简单"。存放不当的茶跑香、霉变、光污染后其价值大大下降。所以要规避普洱茶投资风险就要从几方面入手，一是莫在热炒高价时入市。台湾人总结炒股风险的经验认为什么时候炒作过热？"菜篮子族入市"时，当家庭妇女、退休老人都大量盲目入市就说明炒作过热了。中国的股市暴跌前和 2007 年春普洱茶市暴涨时都出现了"全民炒股""全民存茶"的状况。二是买茶要重品质不重品牌，重价值不重价格。三是科学存贮。至于那些认为存茶已经太多将来冲击市场之说倒不必太担心，一是那些茶不会同时投放市场，

二是近年所存之茶中不懂存茶乱存的居多，普洱茶随便存放三年后改为科学仓储也难有越沉越香，而且这些存茶中还有不少是湿仓、半湿仓，将来大量入市的好茶是不多的。三是随普洱茶的推广，消费量是很大的，有人算过一个数字，如果将来有三亿人喝普洱茶，每人每天喝 3~6 克（一泡或两泡）则每年是 1~2 千克，则一年要喝掉 30~60 万吨。如有一亿人喝每年也要 10~20 万吨。云南省 2009 年茶产量是 18 万吨，其中普洱茶产量是 4.5 万吨。最高的 2007 年普洱茶产量是 9 万多吨。

（三）藏什么样的普洱茶

《读者》杂志上有一篇文章，著名儿童文学作家郑渊洁问著名古董收藏家马未都"什么古董是好古董？"马未都答"品质好的古董是好古董"。所以如果要问收藏什么样的普洱茶？答案就是：品质好的。接下来的问题当然是：什么是品质好的普洱茶？为什么要藏品质好的普洱茶？

品质好的普洱茶主要包括原料好，制作工艺合理两个方面，如果要藏有一定年份的茶还得加一条：该茶原来的存贮条件，方法好不好。如果要给适制普洱茶的原料作一个排序的话，大概是：①古树名山单丛。②古树名山纯料。③古树单丛。④老树纯料。⑤乔木状野放茶。⑥有机生态矮化老树茶。⑦有机生态台地茶。⑧生态台地茶。⑨一般台地茶。至于制作工艺与存放合理方面本书前面已有论述。

为什么要藏品质好的普洱茶，这是受普洱茶可以长期放，存放得好会越沉越香、越存越好喝决定的。要想越存越好，一定要品质好，普洱茶存十年以后包装纸上的文字通通没有意义。现在有些企业做茶不讲责任，只顾眼前销量不顾品质，普洱茶真正的洗牌不是在 2007 年，2007 年拖垮的企业，主要不是被品质拖垮，主要是被资金实力拖垮的。十年以后把各企业产品拿出来泡一泡，比一比那时候才是真正洗牌的时候。

（四）普洱茶收藏的"收"

首先要根据收藏目标与资金实力定位。以自存品饮为主，当然要收乔木老树，至少要收到有机生态，因为喝茶要喝健康。乔木老树茶长于山林，生物多样性使动物相生相克，不易发生较重的虫害，因而一般不用农药，同时生长于山林的茶树可以利用林中枯枝落叶作肥料，不需施化肥，因此乔木老树茶多数没有农残问题，而且茶香和口感滋味远优于台地茶，缺点是价位比较高。如果考虑价格，则可以收有机生态茶园的茶，虽口感滋味不如乔木老树，至少是健康的。

作为投资的收藏当然要考虑升值空间问题。什么样的普洱茶升值空间大？品质好太抽象，具体说古树名山应该是首选。云南省内的乔木老树茶的总产量如果不拼配以纯料计算，一年不到 1000 吨，而古树名山的产量只占其中不到三分之一。随着人们对乔木老树茶认识的加深，供需矛盾会更加突出。以老班章为例，2006 年，春茶 150~200 元 1 千克，秋茶 350~400 元 1 千克，2007 年春茶到 1000 元 1 千克，2008 年春茶降到 400 元 1 千克，2009 年春茶又升到 650 元 1 千克，2010 年春茶重回 1000 元 1 千克。这个价位高吗？纵向看很高，横向看呢？ 2010 年龙井茶 6000 元 1 千克，台湾梨山乌龙 6000 元 1 千克，金骏眉 20000 多元 1 千克，比较好的福建铁观音也要几千元 1 千克。而老班章是乔木古树、生态有机、普洱"茶皇"。老班章应该卖到什么价？收古树名山茶虽是首选但有两个风险，一是纯料鉴别有一定难度，一般收藏者难做到，二是资金需求比较大。

除了古树名山之外，排第二位的是性价比好的乔木老树茶。古树名山茶价高的原因一是品质好，二是名气大。在乔木老树茶中，有一些茶山的茶品质很好，甚至不亚于不少名山，但由于历史原因少为外界熟知，这些茶山的茶就属于性价比好的。比较有代表性的有景谷的黄草坝、小景谷，澜沧的帕赛，景洪的勐宋，临沧的东旭茶区等，这些茶山的茶在 2010 年以前（除去价格无规律性的 2007 年），价格都只卖到几十元一千克。以黄草坝茶为例，黄草坝大小叶种共生，大茶树比倚邦还大，黄草坝小叶种品质不亚于倚邦小叶种，而这几年的价差是 4 倍。除此之外，镇沅茶山箐、马邓，景谷的联合、通达、南板，景洪的勐宋，澜沧的东卡河，孟连的腊福等古茶山都可以算性价比好的。

除了以上两类外，还有一些目前性价比不算太好的古茶山，虽然现在价值稍高，但从乔木老树茶的供需矛盾看升值空间仍然很大，因为云南省全年乔木老树茶产量不足 1000 吨。

名厂名牌茶的升值空间理论上应该比较大。在 2005 年以前，名厂名牌茶的产量不算太大，定价不算太高，那时收藏升值空间很大，到 2007 年只要是 2005 年前购买的名厂名牌，涨价一般都超 5 倍。以澜沧古茶公司产品为例，该公司 2005 年生产的 001 生茶系列、邦崴茶王饼、0081 熟茶系列，价格到 2007 年都达到或超过 5 倍，而且 2007 年后都没有降价。由于茶市的升温，很多名厂从 2006 年就开始大幅提价，提价后的产品在 2007 年后一度出现有价无市状况。2007 年以后名厂产品价格有所调整，但与一般厂家产品价格比仍然偏高。由于名厂名牌产品的社会知名度大，影响力强，购买名厂名牌产

普洱茶的收与藏

品收藏者可以按自己的信心指数和预期值去作出估算。

在购买普洱茶时，名厂名牌茶的鉴别应该问题不大，名厂的专卖店很多，只要到专卖店买就不会有假货之类的问题。但购买乔木古树就问题比较多。目前市场上印着某某山纯料的产品很多，但拼配的、用台地茶假冒、用甲山茶充乙山茶的太多。有的名山茶市场上真正用纯料制作的不到10%。由于目前市场管理和质监部门尚无鉴别认定乔木与台地及不同山头茶的鉴别数据与手段，鉴别主要靠经验积累，这就给广大收藏者购买乔木老树茶带来困难。要怎样才能买到好的纯正的乔木老树茶？一是要先有标准样，要有比对标准，如果标准样是假的必然误入歧途。二是要认真观察品饮标准样，从干茶色泽、条索，从口感滋味、香气、回甘、叶底等各方面准确把握其特征。三是有条件有鉴别能力的可以自己上山收原料，收时时间要充分，要与茶农慢慢交流，细细品鉴。曾有一外省茶商，鉴别能力有限，自己到茶山收茶，买了十万元的古茶，结果几乎都是台地茶。四是可以向信誉好的专收制古茶纯料的茶商、茶店购买。例如澜沧裕岭一古茶园开发有限公司2003年与澜沧县政府签约，取得景迈古茶园50年经营权，用景迈纯料制作普洱茶系列产品。再如陈升号取得老班章经营权，专门收制班章老树茶。另外在茶产区有不少茶庄老板每年亲自上山收制数百千克古茶销售，如与老板熟识，品鉴后也可以买到真正好茶。第

五种方法是跟收。找一个有真正品鉴水平收得到好茶的人，不能是那种好讲大话、好忽悠的所谓"大师"。跟着他收，请他帮收。品鉴水平不到位或亲自收茶条件不具备的都可用此法，现在名山茶价是很透明的，在原料价上适当加些佣金是比较容易做到的，由于茶价的透明，用此法买到的茶价格会比较合适，难度就是找到那个你可以跟收的人。

另外作为投资的收茶，应该在低价时入市，高价时卖出。如果资金充分，判断准确，低价位时可以一次多买些。作为品饮的收茶，机会合适可以一次收够，因为一次收够之后，茶就越存时间越长。如果一年收几斤，就永远不会有几十年老茶享用。

（五）普洱茶收藏的"藏"

藏就是存贮，就是存放方法与条件。如果要存放的茶是别人已经用一般存放方法存过几年的茶，则存法就比较简单，因为自然存上三五年后的茶，改变方法也难有越沉越香，因此存放时只需注意避光、防湿、无异味就可以了。如果存的是新茶，但不追求越沉越香则同样只需避光、防湿、无异味。如果新茶存放要追求越沉越香就要用特殊条件存放了，方法前面已有论述。

七、品鉴普洱茶的方法

（一）品鉴普洱茶的四要素

1. 观色

品鉴普洱茶的第一步是观色，包括看茶色、看汤色、看叶底。但不要看包装、听宣传，不要先入为主，有些卖茶人很会忽悠。看茶色指的是看茶饼或干毛茶的色泽，一般而言，乔木老树茶的干茶色泽比较黑亮，尤其是长在山林中的，黑与它的内含物、树龄、光照度有关，而亮是因其绒毛较多。台地茶因其速生的原因色泽明显浅，多呈黄绿略黑。如果一款标明是某老树茶而色泽又偏浅的则要打个问号。当然也有一些台地茶因制作程序或生长环境会较黑，因此观茶色只是第一步。

景迈台地与老树

观茶色还包括看有没有霉梗、叶。如有，要结合冲泡来确定霉变程度。另外生茶饼如果变红则可能是光照氧化或是入过湿仓，也要结合冲泡来确定。

看汤色。汤色主要反映制作工艺和茶存放时间、存放条件状况。制作工艺正常的茶其汤色是透亮的，根据存放时间呈现黄色或金黄或黄红或栗红色。如果汤色浑浊则是制作时杀青锅温不够，炒长闷到或是揉捻后没及时晒干，如果只是略浑不够透亮，则不一定是制作不好，揉捻很充分的茶也会略浑。新制成的普洱茶正常投茶量泡十多秒钟后汤色是黄绿色的，泡一分钟后汤色会变成金黄，如果汤色偏浅绿且一分钟后变化不大有可能制作过程中有高温处理使其绿茶化。存放一定年份的普洱茶，其正常汤色变化应该是 1~5 年汤色黄绿向金黄转变，5~10 年金黄向黄中带红转变，10 年后黄红向栗红转变。如果一款茶才有 5~6 年汤就转

20 多年晒青与烘青汤对比

翻压茶叶底

红，10 年左右就栗红就要怀疑是否经过轻度发酵或是进过湿仓。另外正常老茶色泽是栗红色，宝石红是夸张的形容词。老茶中湿仓茶退仓后汤色也会很透亮。

看叶底。正常的普洱茶叶底是色泽一致，不软烂，无杂色，10 年内黄绿向黄栗转变，10 年后黄栗向栗色转变。如果叶底有焦煳边、焦片是杀青锅温过高，如果有黑硬的梗、叶是毛茶时受潮霉变，如果叶色正常但是软烂则是加水发酵过。如果叶底有红色、红边是鲜叶时或揉捻后轻度闷到，酶的催化作用使其变红。

2. 嗅香

习惯上称为闻香。由于茶的生态环境、树龄、纬度、海拔、土壤成分的差异,茶叶积累的物质也有差别,分解时释放的香味香型、强弱也有区别。

闻干茶香。正常自然存放的普洱茶,1~3年有很明显干茶香,三年后减弱。如果有霉味,异味则说明存放不好,如果饼上有霉味、异味但汤中没有说明变质不严重,还可以饮用。在茶香还比较明显时,尤其是新茶时闻香,老树茶与台地茶有明显区别,老树茶香一般比较突显、强烈、深沉,闻之有沁人心脾的感觉,而台地茶香显得比较轻柔、浅薄,古树茶香闻之似乎一下子会钻到脑门深处,台地茶香只会在鼻子里。台地茶香型相对单一,区域性特征不明显,而老树茶香不同茶区会有较明显区别。

闻茶汤。自然存放的普洱茶,古树茶与台地茶汤香区别主要在冲泡时,沸水的高温冲入茶中会有茶香释出,古树茶的香会较突显、沁人心脾,似如兰花之香。台地茶香则较平淡。冲泡后再闻茶汤则古树茶与台地茶差别就不十分明显了。自然存放的老茶闻汤也没有特别之香。如是存法正确越沉越香的老茶会有很好的沉香释放。

闻杯底香。台地茶杯底香一般都很淡薄、短暂,冷后基本无冷香。古树茶根据茶气的强弱,生态环境的好坏会有不同强度、不同香型的杯底香,包括热香和冷香,习惯上称挂杯香。像老班章、景迈这些茶气强的古树茶,头三泡的杯底香突显而长久,若将饮头几泡的杯子不洗放一边,冷香有时几个小时后还可闻到。但杯底香只是鉴别古树茶的方法之一,有些树龄数百年的古茶树,长于村边地角,虽树龄久但杯底香往往会不够明显。

3. 品味

苦涩是普洱茶一定有的滋味,它主要与茶叶中的茶碱、儿茶素等有关,随着茶叶内含物质通过能量释放的方式不断分解,苦涩会不断减弱直至消失,如果有外分解参与发生发酵这种变化会很快,如渥堆熟茶,可以在几周内就完成,而湿仓会要几年。如果无外分解仅靠内分解,根据存放的湿度、通风度、温度等,苦涩退尽有快有慢,可能会要几十年时间。苦涩是鉴别一款茶好坏的条件之一,一般而言树龄短的、速生的台地茶,其汤苦涩较突显而直接,甜感不明显,回甘亦不够,老树茶多数苦涩低于台地茶,且苦中有甜,一些苦涩很重的老树茶如老班章,虽苦涩重,但苦中带甜且甜感明显,苦涩退得很快,很快就会有很好的回甘。台地茶的苦涩较突显可能还与茶中有农残有关。

甜是普洱茶中滋味的另一表现,它没有苦涩突显,但它是饮茶时追求和享受的一个部分,甜与茶叶中的糖类和氨基酸等有关,如果没有甜的调和,茶的苦涩会让很多人不愿接受。甜的表现一个在饮茶时,苦中带甜,人们之所以更喜欢老树茶的原因之一就是老树茶的甜感更明显。甜的第二个表现就是回甘。饮年份不久的普洱茶有很明显的"先苦后甜"感,回甘是普洱茶的一大特征,也是人们喜欢饮普洱茶的一个原因。回甘强弱与持久度是鉴别一款茶好坏的因素之一,一般而言老茶树的茶回甘优于新茶树的茶。像著名的老班章、景迈这些名山古茶,饮茶后如果没吃其他东西干扰味觉,口腔咽喉的甜滑感可以持续一两个小时。

滑爽感也是人们喜欢普洱茶的原因,它与茶叶中的氨基酸等有关,在滑爽感方面,老树茶也优于台地茶。

除了以上滋味外,烟味是制作时的异味进入,日臭味是光污染,饮后咽喉干、苦是茶制成后有霉变,都是普洱茶不应该有的非正常的滋味。

4. 感受茶气

茶气是茶叶能量释放的表现，凡茶皆有茶气，但一般茶由于内含物与制作方式等影响，茶气不够强烈。普洱茶，尤其是老树茶，茶气更明显，更容易感受到。在"茶气"那一部分已有论述，可以通过嗅茶香、品滋味、闻杯底、感悟身体反应等来感受茶气。

（二）品鉴普洱茶的八步骤

1. 看干茶

看干茶主要看条索与色泽。看色泽在上一部分"观色"中已有论述，这里主要讲看条索。条索的形成与茶种、制法有直接关系，品鉴时一定要对各茶区茶种、制作习惯有所认识才行，如果有标准样就更好。从茶种看，例如困鹿山、倚邦、黄草坝、娜卡等茶山，大小叶混生，小叶占相当比例，制成品的条索就会显紧细。景迈、贺开、攸乐等茶山中有不少中叶型，因而条索也比较紧细。而老班章、老曼娥等几乎都是大叶，条索就会显得肥壮。从制作看，易武、蛮专、江城、景洪勐宋、小景谷等有做泡条习惯，茶条显得松大。掌握了这些后，如见到一款条索紧细的茶说是班章或易武就要打问号了。当然不要忘了看色泽。

倚邦大叶种与小叶种

2. 闻干茶香型及强弱

看完条索色泽后，要闻茶香。不同茶山的茶香型、强弱有别，台地茶与老树茶区别明显。闻茶香鉴别的难度要更大些，因为各人的嗅觉灵敏度有差别，同时香气又是一种可以意会难于言传的东西。嗅觉灵敏的人老班章、易武、景迈这些名山香型可以较明显分辨。但要说出老班章是什么香则难于表述。同样台地茶与老树茶的香在强烈度、深沉度上明显有别，老树茶香闻之有沁人心脾的感觉，台地茶则有飘忽、轻浮的感觉。有标准样参考也是重要依据。

3. 观汤色

汤色不是鉴别老树与台地的主要方式，汤色主要用于鉴别制作工艺与茶叶存放年份与存放方式、存放条件。此方法在"观色"中已有论述。

4. 品滋味

滋味可以鉴别茶的茶种、树龄、茶园类型、茶区、制作工艺、存放年份与存放方式条件。

茶种。制作普洱茶的原料是大叶种和历史上的小叶种，小叶种由于内含物不如大叶种，因此虽生长于普洱茶区且有百年以上树龄，但一般都具有苦涩、甜滑、回甘、耐泡度不如大叶种，香近于或略高于大叶种的特点。

树龄。一般而言树龄越长苦涩度越低，甜滑感越强、耐泡度也越强。

茶园类型。台地茶苦涩较突显而且苦中基本无甜或少甜，质感薄，苦得直接而无层次，类似中药的苦，一般苦涩会稍长久，回甘一般。老树茶多数苦涩低于台地茶，苦中带甜，汤质较厚滑，苦得有层次，其苦感类似于一些有苦味的蔬菜或野菜，虽然苦但会觉得很受用。而且老树茶多数苦涩时间短，回甘快而明显、持久。

茶区。一般而言茶区越往南则茶气茶味越强，茶气茶味强的茶多在澜沧江外的勐海、澜沧。但如果加上苦涩的长久度，回甘的程度，汤质甜滑感等因素综合评价，有的江外茶又不如江内茶。如易武茶其茶气茶味逊于江外很多茶山，但因其甜滑感、回甘度等原因，其身价又超过了好多江外茶山。同样的纬度更北的困鹿山、黄草坝、海塘、马邓、老仓、昔归、东旭、迷帝等虽茶气茶味逊于江外茶区，但综合口感滋味的各方面评价，仍是很好的茶。

制作工艺。如果杀青温高炒煳了，汤中就会有焦味。如果烟子卷入或存于烟熏得到的地方会有烟味。如果杀青温度低炒得过久或揉后没及时干燥会有闷味。鲜叶是否萎凋会与苦涩度有关，而烘干时的高温和干燥过度则会延长茶滋味的转变时间，使苦涩时间延长，严重的会有烘青味，口腔会有燥感。

存放。自然存放没受潮霉变的茶，随着时间推移，内部物质的分解，茶气不断降低，苦涩也逐步降低。一般而言一年内苦涩明显且有新茶生味，一年后新茶生味消失但苦涩度会持续到5、6年，5~10年苦涩逐步下降，10年后会有一种向老茶转化的转化味出现，是一种不舒服的类似于烟味的味，这种转化味的强弱与存放干燥程度有关，干燥则轻，湿度大则重。20年后转化味会基本消退但苦涩仍在，30年后苦基本退去但涩仍有，涩度要基本退完要50年以上。在此过程中茶汤会有较好的甜滑感。如果存放湿度大让茶发生了外分解作用，发生了轻发酵则这个变化过程会缩短1~3倍但转化味的程度也会提高1~3倍，而且饮后口腔、咽喉会有不同程度的干、苦感，俗称锁喉。如果用密封仓闷存且加除湿设备变化速度会比自然存放还要慢，但可以有越沉越香。

5. 闻杯底香

杯底香主要用于鉴别是否老树茶。多数台地茶没有杯底香，有一些矮化老树茶如果周围生态环境较好也会有杯底香。临沧有不少矮化老茶园的茶有杯底香。杯底香分热香和冷香，其强度与持久度与老树茶的树龄和生态环境有关。

6. 闻叶底香

叶底香可以鉴别台地与老树，也可以鉴别制作工艺与存放。冲泡到最后的叶底，如果是老树茶的闻之仍然有正常的茶香，如果台地茶则会有一种树叶味，两者对比会很明显地感觉到。另外如果制作工艺有问题或存放不好叶底也会有异味表现出来。

7. 看叶底

叶底是鉴别一款茶好坏和是否有问题的重要步骤，可以这样说只要原料、制作、存放有问题，叶底一定看得出来。尤其是一些人为轻发酵和轻度入仓来充老茶的茶，只有从叶底上将其鉴别出来。

台地茶与老树茶的叶底在色泽、柔韧度上有区别，台地茶色泽较淡、较黄，老树茶色泽较深较绿，台地茶较脆滑而老树茶则较坚韧。

制作时炒煳的会有焦边、焦片。鲜叶时或揉后没马上干燥闷到会有红叶红边。

人为或存放时发生了轻发酵会有部分叶、梗霉变，霉变了的那些叶、梗会变黑变硬，叶底中如有黑硬的叶和梗就说明发生过轻发酵。如果人为加水发酵则叶底色泽正常但用手捻会软烂。黑叶黑梗的数量与轻发酵程度有关。软烂度也与轻发酵度有关。

景迈老树与台地叶底

轻发酵叶底

8.试耐泡度

耐泡度与茶叶中的内含物的量有关，可能还与茶叶的物质结构有关。据相关部门对老树茶与台地茶的很多项目的内含成分测试，台地茶反而优于老树茶，而在实际冲泡中台地茶耐泡度则明显低于老树茶。老树茶由于树龄、采撷量、根系与吸收养分的关系等因素，其内含物明显高于台地茶，但冲泡时其内含物的释放比台地茶慢很多，因而才会出现台地茶测试时数据高于老树茶而老树茶又更耐泡的情况。

（三）冲泡技巧与普洱茶品鉴的关系

1.茶具

普洱茶的产区远离中原文明，少数民族为主，因此普洱茶的发展过程中没有形成自己特有的成熟的普洱茶茶具和普洱茶茶艺。历史上当地茶农饮用的茶多是挑拣出的粗叶黄片，他们称之为"粗茶"，正常的产品则称为"细茶"。细茶自己舍不得吃要出售的。因此茶山上的茶具自然就是一般的土碗，冲泡法主要有两种，一种将粗茶投入茶罐后冲以沸水，泡出味后倒入碗中饮用。另一种称"罐罐茶"，就是将茶投入小土罐中，将罐置于火塘边焙烤，待茶烤香后冲入沸水，泡后倒入碗中饮用。至于茶区城市中的文人、市民饮茶也并没有特别的茶艺茶具，条件好的一般用瓷茶壶泡茶，倒入瓷杯瓷碗饮用。中华人民共和国成立后直至90年代普洱茶区饮普洱茶的风气倒退了，人们将晒青、烘青一视同仁通通用同样的方法泡饮，或用瓷壶、铝壶泡后倒出饮用，或直接投茶入茶杯泡饮。普洱茶作为一种专门的特种茶主要在香港、台湾、广东等地消费。由于港台、广东一带有饮用乌龙茶、功夫茶的习惯，早已形成了一套较成熟的茶艺茶具系统，他们在饮用普洱茶时也使用同样的茶艺茶具，这就导致了90年代后当普洱茶逐步推广中更多是使用乌龙

快速煮茶法

茶、功夫茶的茶艺茶具的结果。在普洱茶还没有形成自己独特成熟的茶艺茶具前提下，只能从现有茶具中来选择适合普洱茶特征的茶具。

茶具的选择必须要结合茶性。茶具是一种工具，目的是把茶的风味特征充分展现出来，普洱茶是一种可以长期存放的茶，从现在的产品中，粗分主要有三种：生茶、老生茶、渥堆熟茶。本来普洱茶只有新茶老茶之分，老茶也可以叫熟茶，70年代后渥堆熟茶出现后把普洱茶概念搅得很麻烦，"老生茶"成为不得不用但十分别扭的词句。普洱茶的生茶在其内含物通过能量释放的方式不断变化后会汤色转红、苦涩减退，苦涩减退后被苦涩掩盖了的甜、滑感会显露出来，好的老茶是汤红、甜滑、香显、饮后回甘、咽喉口腔滑润。正常存放的生茶十年内苦涩都会很明显。冲泡茶叶时，水温十分关键，高温会刺激茶香和茶味释放，因此冲泡普洱茶的一个基本技巧就是：新茶要适当降温减缓苦涩释放，老茶和渥堆熟茶要高温促进茶香释放。根据这一特征，冲泡新茶可以选用口大壁薄的盖碗，冲泡老生茶和渥堆熟茶则应该用壁厚的保温好的紫砂壶或陶壶。盛茶的茶海用玻璃的或白瓷的方便看汤色。茶杯则用白瓷最佳，玻璃杯理论上说好看汤色其实不然，由于玻璃的透明特性，玻璃杯看汤色反

紫砂壶　　　　　　　盖碗

而最易受茶桌茶几的颜色干扰。另外市场上有一种双层玻璃杯，其保温性优于紫砂壶，用来泡老茶提香效果也很好。

2. 解茶方法

普洱茶多数是以紧压茶方式存放，冲泡时要先解茶，要将紧压茶解块成散茶状才方便冲泡，而解茶方式与品鉴有一定关系。其原理是茶越碎茶叶断口越多，茶叶内的内含物越容易被快速泡出。因此解茶时要根据冲泡目标来解茶，以品鉴为目的的解茶要碎，甚至可以将完整条索的茶瓣断，让茶

茶　刀

叶的断口增加以便冲泡时让茶叶的内含物快速释放出，方便对茶好坏、特征等作出判断。而作为品饮的解茶是为了享受，因此要让茶的内含物释放减缓，如果能把茶泡得第一道到十道以后仍然是相似的口感就是成功的泡茶法，而重要方式之一就是尽可能不要把茶解碎解断。用茶刀、茶针解茶一定要顺制茶时的纹理方向轻撬，成片状撬下后再用手轻掰散。

3. 水质

要泡出一壶好茶水是至关重要的，饮茶时，茶与水是"质"的方面，壶与杯之类只是"用"的方面。"用"的方面可以影响普洱茶品饮的"度"，无法影响品饮的"质"。古人对泡茶之水的选择十分考究，且有众多论述。如茶圣陆羽在《茶经》里说："其水，用山水上，江水中，井水下。"明张源在《茶录·品泉》中说"茶者水之神，水者茶之体。非真水莫显其神，非精茶曷窥其体……真源无味，真水无香。"明张大复在《梅花草堂笔谈》中说："茶性必发于水，八分之茶遇十分之水，茶亦十分矣。八分之水试十分之茶，茶只八分耳。"清乾隆皇帝是一位嗜茶懂茶的皇帝，他对品茶及用水很有研究，

山 泉

曾评定天下适于泡茶之泉，其法用一银斗称量各地名泉，以水越轻越好，最后评定北京玉泉为天下第一。乾隆帝的评水之法其实就是测水之比重，水越重则杂质越多，杂质多则异味就会多，就会影响茶之真味，乾隆帝认定的好水就是比重轻、杂质少的水。历史上好茶之人之所以还推崇雪水、雨水就是因其从天而降，纯净无杂质，能充分泡出茶之真味。现在由于空气污染加重，纯净的雪水、雨水已很难得到了。对几种常用水进行测量，其中 100 毫升水库水重 102.4 克，矿泉水重 102.3 克，自来水重 102 克，纯净水重 101 克。从以上数字可以看出，纯净水的杂质是最少的。在现代纯净水已经十分普及的时候，泡茶用水的选择已经变得十分方便了。现在有人还提倡山泉水、矿泉水泡茶，也许大可不必，要知道山泉和矿泉水中的矿物质有可能与茶叶中的矿物质产生反应的，有的反应完全有可能影响对茶的品味。要强调的是由于受迫逐利润的影响，在选择纯净水时要考证、试饮一下所选之水是否真"纯"。另外，还可以考评纯净水的水源情况。

4.冲泡水温与技法

要泡得一壶好喝的茶，泡出一壶能将茶的特点真味充分展示出来的茶，水温把握非常重要。泡茶并非简单的用开水冲泡就可以了，里面还有很多门道。水温控制得好可以提高香味，可以降低苦涩，可以显露香甜。泡茶水水温控制的基本要点是：老生茶、渥堆熟茶水温要高，水温高才能泡出茶香。新茶，包括自然存放不超过 10 年的茶都要视其老嫩度、年份适当降低水温，降温泡可以降低苦涩，提升香甜感，增加耐泡度。

要控制利用好水温，必须了解一些与水温相关的常识。

第一，水温高低与烧水地方的沸点相关与烧水具无关。沸点高低由海拔和大气压决定。从理论上讲，海拔越高则大气压越低，水的沸点温度越低。海平面是一个大气压，那里的海拔是 0 米，水的沸点是 100℃，随着海拔升高大气压降低，水的沸点温度也降低，从理论上计算，大约海拔升高 300 米，水的沸点温度就下降一度，在实测中受空气温度、湿度影响会有很小误差。以普洱市政府所在地思茅城区为例子，这里的海拔是 1380 米左右，实测中得到的水的沸点温度是 95.3℃。用铁锅、电水壶、陶罐、厚壁铸铁壶实测，所有烧水器具沸点温度都是 95.3℃。再用高压锅测试，从理论上讲高压锅内大气压可以超过正常大气压，因此高压锅内水温可以达到 120℃以上，但是当高压锅内气压高于锅外时，

品鉴普洱茶的方法

59

锅盖是无法打开的，但是当锅内气压用20多秒中快速放完后马上开盖测温，水温已经降回到正常的沸点温度95.3℃。因此那些主张用铸热壶提高水温，把水烧开后再多烧一段来提高温度的说法都是违反科学的。气压不变沸点温度不会变。

第二，烧水具和茶具不能改变沸点水温但可以减缓水温下降速度，在思茅测试，沸点水温95.3℃情况下，不同器具的降温速度统计。

器具	一分钟后	三分钟后	五分钟后	备注
铸铁壶	94℃	91℃	87℃	
电水壶	92℃	88℃	85℃	
150ml 双层玻璃杯	86.5℃	82℃		
150ml 紫砂壶	82℃	78℃		不淋壶
	85.5℃	80℃		淋壶
150ml 盖碗	80℃	75℃		不烫碗
	85℃	78.5℃		烫碗

从上表中可以得出几个结论。一、铸铁壶虽不能提高沸点温度，但可减缓水温下降速度。二、双层玻璃杯因为有真空层水温下降速度比紫砂壶更慢，保温更好。三、紫砂壶的保温比盖碗好。四、投茶前用沸水淋壶、烫碗比不淋不烫保温更好。在冲泡过程中可以多次淋壶烫碗则保温更好。

根据以上水温常识可以得出以下冲泡茶的技巧结论：

铁壶与电水壶

演示：普洱农校茶艺教师、高级茶艺师 张义贤

冲泡老生茶和渥堆熟茶时：①选用铸铁壶之类保温好的烧水具更好，若没有，电水壶在冲泡2至3分钟后再烧沸更好。②尽量用壶壁厚的紫砂壶。③投茶前沸水淋壶，冲泡过程中可以多次用沸水淋壶。④从烧水壶注水入紫砂壶时要低、粗、快注，尽量减少降温。

冲泡新茶时：①水沸后不要马上冲茶，要停1至2分钟让壶中水温下降几度。②用盖碗或壶壁薄的紫砂壶泡。③注水时高冲细注，让水在空中适度降温。④注水时要冲在盖碗边上，不要直接冲在茶叶上，尽量不搅动茶叶，这样可以让茶叶的内含物质缓缓释出，可以降低苦涩，增加耐泡度。

5. 茶水比

茶水比是一个必须重视的但同时又是需要灵活掌控的数据。它受到冲泡目的、冲泡茶类、冲泡器皿、饮茶人数的影响。

从冲泡目的来看。泡茶的目的主要有两种，一是审评、品鉴，二是品饮。从审评、品鉴的目的看，在《职业技能鉴定专用国家职业资格培训教程·品茶员》一书中提出的茶水比是：紧压茶5克茶：100毫升水，泡2分钟。绿茶4克茶：200毫升水，泡5分钟。这种评审法可以将茶叶的缺点比较充分暴露出来，但这样泡法会掩盖茶叶优点的发现，因为茶叶经过这样重泡后，缺点充分显露的同时优点也被掩埋了，就算第二泡进行水量和冲泡时间的调整，茶叶的优点也已失去。这里提供一种两全其美的评审法以供借鉴。普洱茶新生茶茶水比为2克茶：50毫升水，第一泡适度降温后泡20秒左右，不可超30秒，出汤后品鉴其优点，重点放在香、甜、滑顺、回甘、汤色等方面。第二泡泡3~5分钟，出汤后评审其缺点，看汤色、叶底，寻异味，试回甘、苦涩。老生茶和渥堆熟茶茶量可稍多，达到2.5克茶：50毫升的水。

作为品饮的泡法，不是为找其瑕疵而是要求得最佳口感滋味，因此茶水比要以能让所泡茶品最佳优点发挥为标准。一般而言应该是：新茶低于老茶，生茶低于渥堆熟茶。用杯子泡因为容易浸泡时间过长，因此1克茶：100毫升水较好。用盖碗和壶泡因为出汤可以比较快，可以用2克茶：50毫升水，头5泡的时间每泡在10秒不超过20秒为宜，5泡后冲泡时间可延长至30秒左右。

从冲泡茶类看，普洱茶可分为老生茶、新生茶、新渥堆熟茶、老渥堆熟茶几类。这几类茶茶水比的控制原则是：新生茶茶水比要大，应在2克茶：50毫升水之内，老生茶可稍小，可以到2.5克茶：50毫升水。新渥堆熟茶茶水比也要大，在2克茶：50毫升水左右，老渥堆熟茶可以到2.5克茶：50毫升水或3克茶：50毫升水。

从泡茶器皿看，主要有壶、盖碗、杯三种，杯子泡茶很方便，但常常会冲泡时间过长，要求得到好的口感茶水比在1克茶：100毫升水为佳，每次投茶量以只泡一杯半水到2杯水为最佳，如果投茶量加大，可以泡到3杯水以上，则第一泡的苦涩一定超高，无法泡得好口味。用壶和盖碗泡可以茶2克：水50毫升，但最好是壶用于泡老生茶和渥堆熟茶，盖碗用于泡新生茶，而且一定要控制好冲泡时间。新生茶10秒不超过20秒，老生茶和渥堆熟茶泡20秒至30秒。

从喝茶人数看，在喝茶人数较多时，茶水比可以达到4克茶：50毫升水，甚至1克茶：10毫升水，但要让泡出的茶好喝，一定要控制好冲泡时间，投茶量越大，出汤要越快。在茶水比达到4：50或1：10时，头5泡的冲泡时间应该在10秒左右，不可超过20秒，5泡后可适当延长至20~30秒。喝茶人数多时最佳方法是少投多换，即用正常的投茶量泡，增加换茶次数。

泡茶是一项有一定技术含量的工作，在实践中一定要注意水质、海拔、水温、茶水比、冲泡时间等因素，认真研究总结一套最适合本地、本人使用的方法，冲泡出一泡最佳口味的好茶。

出汤时间也要计入泡茶时间，细口茶壶倒完一壶茶的时间要用10秒，则相当于茶多泡了5~10秒。

八、普洱茶相关茶品的品鉴

（一）乔木老树茶与台地茶的品鉴

　　随着人们对普洱茶品鉴水平和认识的提高，乔木老树茶的品质和收藏价值高于台地茶已经被越来越多的人认同，"藏茶要藏乔木茶"成为很多收藏者的追求目标，但在怎样鉴别乔木茶，尤其是怎样鉴别不同茶山的乔木茶方面还有很多问题值得探究。

1. 几个重要概念

　　在乔木茶收藏问题上，首先要搞清楚相关的几个概念：乔木茶、乔木古茶、乔木青（生）茶、乔木熟茶、茶园茶、台地茶、灌木茶、拼配茶、单一茶菁茶。

　　乔木茶与乔木古茶：就植物学分类而言，不论是乔木茶还是台地茶都属于乔木，由于收藏时乔木茶与台地茶的茶质存在区别，为了收藏区别的方便，人们习惯上把茶树高度超过1米且树龄较长的乔木型的称为乔木茶，乔木茶不采用现代茶园管理方式，在多年生长中，基本是自然生长，基本不施农药、化肥，因而所产的茶叶品质好，属于不存在或者基本不存在农残问题的生态茶。在乔木茶中人们习惯将栽培时间较长的又称为乔木古茶或乔木古树茶，至于要多少年可以称古树茶则暂时没有公认的说法，有人主张要树龄上百年。

　　乔木生（青）茶与乔木熟茶：用乔木型茶树的茶叶加工成的晒青就是乔木生（青）茶，可以是散茶，也可以是紧压茶（砖、沱、饼等）。用乔木型茶树的茶叶经人工发酵制成的熟茶就是乔木熟茶。初学喝茶、藏茶的人喜欢问：是不是乔木茶做的熟茶？而茶商们对这个问题一般乐意说"是"。究其原因是因为生茶经人工发酵后，茶的质与形变化极大，品茶及藏茶高手也难于分辨熟茶是否是乔木茶。就现在的茶叶市场而言，由于乔木茶原料价高，一般做熟茶绝大多数都是用台地茶，只有极少数厂家的极少数产品用乔木茶或用乔木与台地茶混合发酵制成。虽然普洱茶收藏界公认乔木茶做的熟茶品质更好，但发酵时是否全用乔木茶，用了多少比例的乔木茶只有做茶的人心里明白。因此，对于收藏者而言除非你自己监制，除非你亲自看着，否则追究熟茶是否是乔木的是没有意义的。

　　茶园茶、台地茶、灌木茶：人们习惯上将台阶型种植并修剪平整的用现代管理方法管理的称为茶园茶、台地茶或灌木茶。台地茶最大量是做成绿茶、乌龙茶，也做普洱生茶和熟茶。台地茶中又可分三类：第一种原来是乔木型的，甚至是几百年的古树茶，后来在茶园改造时被矮化。第二种是20世纪50~70年代用茶籽繁殖的。第三种是近年用扦插技术繁殖的。台地茶由于追求高产高效，农药化肥使用很多，尤其是过去的六六六、DD涕等会长期保留在土壤和植株中，加之农药化肥造成的速生效果，使茶质不佳。虽然近年人们重视食品安全问题，出现了不施少施农药化肥的生态茶园，但由于大量修剪和大量采摘使台地茶与乔木茶在品质上仍然有明显差别。如耐泡度、香气、质感等差距很明显。

　　拼配茶与单一茶菁茶：拼配茶指厂家根据需要把不同产地的茶菁按一定比例拼配在一起，以求得特殊的口感。历史上的紧压茶，尤其是过去国营大厂的茶一般都是拼配茶。从90年代后期人们为追求乔木古茶的纯正韵味，开始制作单一茶菁的茶品，开始在包装上标注茶菁来源。对这两种茶应该说各有优缺点。拼配茶拼得好可以把各地茶的优点发挥出来，达到最佳效果。但由于是拼配，消费者就无法去鉴别茶原料好坏了，比如用台地茶拼乔木茶当乔木卖；用10%景迈茶拼90%景谷茶，但在包

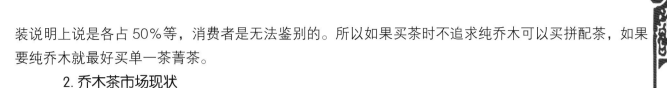

装说明上说是各占 50% 等，消费者是无法鉴别的。所以如果买茶时不追求纯乔木可以买拼配茶，如果要纯乔木就最好买单一茶菁茶。

2. 乔木茶市场现状

由于乔木茶与台地茶在品质上存在的差异，"要收藏乔木茶"成为收藏者的追求目标，加之乔木茶与台地茶鉴别上有一定难度，因此市场上就出现了这种现象：打着乔木茶招牌茶品的数量加起来，一定是乔木茶实际产量的若干倍。就目前市场而言，打着乔木茶、乔木古茶招牌的茶品中大约分五种情况：第一种完全用台地茶制作允乔木茶；第二种用乔木茶与台地茶混合允乔木茶；第二种单一茶菁纯乔木茶；第四种是拼配乔木茶；第五种用甲山乔木茶充乙山乔木茶。

3. 乔木茶与台地茶的鉴别

对一般的收藏者而言要鉴别台地茶与乔木茶具有一定难度,尤其是鉴别哪座山产的乔木茶就更难。这里提供一些鉴别方法供大家参考。

（1）要了解乔木茶的分布与产量情况

市场上乔木茶产品一般都标明产自何山，如果没有产地而只是抽象地称为乔木茶的茶品，其真伪度和纯净度就值得质疑，而且收藏乔木茶也还要选茶质，因此不标明产地的茶品，就算真是乔木茶也不容易鉴别。茶品标明了产地，收藏者就可以通过对各产地乔木茶的情况的了解来判断其真伪。

1958 年毛泽东视察安徽舒城县舒城人民公社时说："以后山坡上要多开辟茶园"。开始了第一轮种茶热。1974 年召开全国茶叶工作会，开茶园再掀热潮。1979 年云南省在元阳召开密植速成高产学

术研讨会，1980年又在昌宁召开全省低产茶园改造会，此后全省开始大规模的"改土、改树、改园"的茶园改造。在老茶园改造中，有的采取挖老树种新树，有的采取把老树砍矮成台地茶的方式进行改造，其结果造成老茶树、老茶园的大量消失，例如勐海的南糯山，勐腊易武、象明的几大茶山，景洪的攸乐山，普洱的板山，临沧勐库周围古茶山等等，改造的结果是有的古茶山只在田边地角和村寨中保留了部分老茶树。这些茶山的乔木茶产品与市场需求量必然产生严重脱节现象，出现市场销量多出实际产量很多倍的情况。有的茶山名气太大，如：易武、景迈、班章等，求者多而供不应求，有的古茶山改造后台地茶的产量已经是乔木茶的很多倍。因而对名气大的茶山的茶品是否是真乔木，是否纯净不掺台地茶就要认真鉴别了。由于乔木茶收藏热的出现，茶农在制茶时掺台地茶，茶厂茶商掺台地茶做乔木茶已经屡见不鲜。以老班章为例，老班章古树茶每年产量并不多，但进茶市一看，几乎家家有老班章卖。

（2）关于山野气韵

人们追求乔木老树茶，一是因为它生态，没有或少有农残问题，二是因为乔木老树茶的茶质、茶气和韵味好。乔木老树茶的茶气、韵味是客观存在的，但也是比较抽象和难于用语言表达的。凡是品茶稍有基础和层次的人，都可以明显分辨出台地茶与乔木茶在茶气、韵味上的差距。乔木茶的茶气、韵味正是鉴别乔木茶的最重要的一个依据。

乔木茶的独特韵味是与它的树龄和生长环境密切相关的。很多乔木老树茶生长于山野之中，在上百年的生长过程中，吸山野高旷之灵气，受古木野花之熏陶，吸收山中枯枝落叶的肥力，其深植的根系吸收更多的微量元素，形成了乔木茶独特的茶气和韵味。而乔木茶的"山野气韵"的强弱直接受茶树树龄与生长环境的影响。有些上百年树龄的古茶树，生长于村边地角，缺乏野生环境，这些茶的"山野气韵"就弱。"山野气韵"在品饮时表现为醇和、滑顺、香显而久、心旷神怡，在吞咽茶汤时在喉部和鼻腔中会有特殊香气和多层次的醇和气韵。

最容易直观感受到"山野气韵"是乔木茶的茶香。凡纯正的乔木茶一定可以在干茶、茶汤、杯底嗅到一种特殊茶香。这种香是台地茶所没有的。这种香的强度与持久度与茶树生长的野生环境成正比。这种特殊香味表现最突出的是野生茶。这里我们不讨论野生茶是否适于品饮的问题，只是谈野生茶的"香"。野生茶由于未经过人工栽培和驯化，世代生长于山野，它的"山野气韵"和特殊香气是最强烈的。也正是由于野生茶的制作，才使我们有机会用野生茶去对比乔木茶，去发现乔木茶"山野气韵"的来源。在乔木茶中，野生环境好的如景迈茶的"山野气韵"和香气也是好的，纯正的景迈茶，其干茶、茶汤、杯底都有与野茶非常相似的香味。易武茶虽经过矮化，但仍生于山野，由于野生环境尚好"山野气韵"

也明显。

"山野气韵"是鉴别乔木茶的重要依据，但不是唯一的，因为长在村边地角的古茶树"山野气韵"弱，特殊香味弱，但它们的确是乔木老树茶。

（3）要了解各地乔木茶的特征

由于受气候、水土、生长环境、制茶传统习惯的影响，各地乔木茶的品质和色香味有一定差异，掌握这些特征是鉴别的一个重要依据。

例如：易武老树茶苦涩味不重，甜味较显而且醇厚度较好，与易武处于同河谷、气流走向的江城茶也具有与易武茶相似的特征，苦涩不重，甜味较显，但在茶的醇厚度方面则有差距，不如易武茶。

墨江、镇沅、景谷、景东乔木茶的基本特征是苦底，多数苦味显而涩味不显，其中墨江、景东有些茶山由于纬度、海拔的原因茶质显薄。景谷茶由于海拔纬度更好而茶质较佳。

由于受纬度、气候、土壤等条件的影响，茶气茶味最足的茶几乎都在澜沧江以西的勐海、澜沧，例如老班章、贺开、巴达、景迈、邦崴等，这些茶山的茶气茶味都很重，而且茶的醇厚度也很好，耐冲泡，香气好，回甘好。

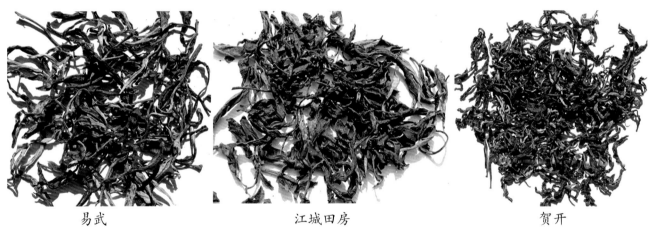

易武　　　　　　　　　　　江城田房　　　　　　　　　　　贺开

从干茶条索看，小景谷、易武、蛮专、江城等地有做泡条传统，条索较粗泡，景迈、倚邦因有不少中小叶种而显紧结短细。从转化速度看，老树茶比台地茶快。老树茶中易武、班章转化又比景迈、景谷要快。

在总特征之下，相近的山的茶，甚至同一茶山的茶，因地理环境的影响也会有差异，如景迈与邦崴同在澜沧，景迈茶在苦涩方面涩显于苦，而邦崴茶则苦显于涩。了解这些基本特征后，若有人用景东、景谷乔木茶充易武茶、班章茶、景迈茶就容易鉴别。而茶界的一些高人则对各山茶的特征有更好的把握，能具体鉴别出是何山的茶。

要学会鉴别各茶山的茶品，除注意各茶山茶的特征外，很重要的一条是要收集各茶山的标准茶样，有标准样后一冲泡，假的、不纯的就立马现形。还要强调一点的是任何茶山的茶，不同季节采制会有差别，以景迈茶为例，景迈茶以其特有的香味为广大藏家追崇，但景迈雨水茶、谷花茶香气就不如景迈春茶。因此，收集标准样时最好是春茶、雨水茶、秋茶都收集一点。

（4）看厂家、看价位

在选购乔木茶时，可以看生产厂家。有的厂家以专门生产特定茶山的纯正乔木茶为经营方向，不求产量只求纯正，这种厂家的产品虽然价位会高一些，但质量可以得到保证。

再就是看价位。购乔木老树茶不可图便宜，要先了解不同茶山原料价，再加上加工费和利润价就可以算出真实的茶价。如果卖价低于计算出的价格那就可能是假的或者是拼配的。

（5）结合特征看干茶

在鉴别乔木茶时第一步要看干茶，要在了解各茶区老树茶特征的前提下来看，包括看条索粗细、色泽，看芽头，嗅香型和香气强弱等。如果条索、芽头、香型与所标茶区茶的特征不吻合则开汤都不必要。例如景迈老树茶的干茶特征是条索黑亮紧结、芽头较细、茶香突显。老班章老树茶的特征是条索黑亮较紧结、芽头肥大多绒毛、茶香突显而深沉。易武老树茶的特征是条索黑亮较粗泡、芽头较壮、香气显且有甜腻感。要注意的是自然存放的茶一二年后茶香退化得会很厉害，鉴别时要把这个因素考虑进去。一般而言老树茶条索黑亮、芽头少、有粗老叶和茶梗，台地茶条索黄绿或绿黑、芽头多、基本无茶梗无粗老叶。

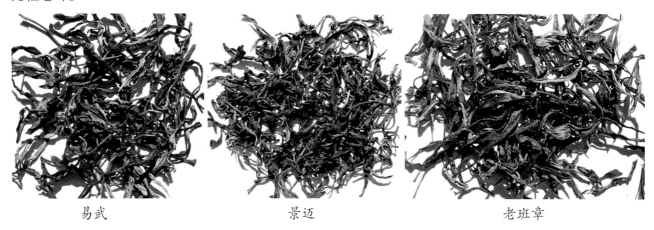

| 易武 | 景迈 | 老班章 |

（6）开汤鉴别

第一看耐泡度。取同样比例的茶量冲泡，台地茶由于树龄和速生的原因耐泡度明显较差，一般四至五泡就淡了，而且会出现一种我们称为树叶味的味道，而乔木茶由于树龄和生态关系，一般都可冲泡 10 多泡，有的可冲泡 20 多泡，而且汤色、味道还正常，不会有树叶味出现。

第二品茶汤。台地茶一般苦涩很明显而直接，回甘短，缺醇厚和层次感，4~5 泡后有树叶味。乔木茶有特殊香气，口感醇厚，层次感强，多数老树茶苦涩不显，汤中带甜，回甘较持久，10 多泡后也不会有树叶味。品茶汤时还要注意是否符合各茶山特征。如景迈老树茶涩显苦弱，汤中带甜，有兰香，汤质醇厚。用景迈台地茶充老树茶，无兰香，苦显，汤薄。

第三看叶底。①看叶底颜色。乔木茶和台地茶由于生态、树龄、采摘量、是否用农药化肥等方面的差异，叶底颜色有明显差别：乔木茶叶底颜色偏深，台地茶偏浅。如果叶底中深、浅两色相混就有可能是乔木茶中掺了台地茶。

景迈老树与台地叶底

②试手感。乔木茶由于是老树而且生长慢，叶底的柔韧性好而且更厚，用手摸和揉有点像绒布，用手搓它很难搓烂。台地茶由于树龄短加之化肥的速生作用，手感较光滑，无绒布感，用手搓容易搓烂。

③看芽头。台地茶由于每年要多次修剪，新芽多，芽头也多。乔木茶一般芽头少，粗老叶及茶梗较多，只有极少数乔木茶精品会挑出芽头来制作。有的厂家还会把台地茶中的雨水茶故意采得很长，留几个

看芽头

乔木茶　　　　　　　　　　　　　　台地茶

较大的叶片来充乔木茶，但从色泽和柔韧度上可鉴别。

④嗅叶底香气。乔木茶与台地茶在香气上的差异是明显的，台地茶无乔木茶的特有香气，而且在四五泡后就会出现树叶味。

⑤嗅杯底香：喝完茶后嗅杯底香是鉴别乔木茶的一个重要方法，尤其是泡头几道的杯底，乔木茶有一种特殊的杯底香，对这种香的气味不同人会有不同的感觉。这种香味是乔木茶在山野环境中产生的，生长于田边地角和村寨之中的乔木茶这种杯底香会比较弱。杯底香的持久度和强度与茶树的生长环境成正比，也与茶品中乔木茶的纯净度成正比。例如景迈乔木茶与千年古树混生，如果是纯净的景迈春茶，杯底香可持续几小时到十几小时。有不少茶山的老树茶主要生长于村边地角，这种老树的茶可以从其他方面鉴别，不看杯底香，比如从茶汤的醇厚度和层次感来鉴别。如果所标茶品不是长于村边地角而是生于山野，但又没有杯底香则可能是台地茶或是掺了过多台地茶。

最后强调的是，对以上鉴别方法要综合起来看，不要只看一点，有标准样进行对比和多喝多比较是最有效的方法。另外存放十年以上的茶其特征会有一定的变化，鉴别时与新茶有一定区别。可以参看老茶鉴别一节。

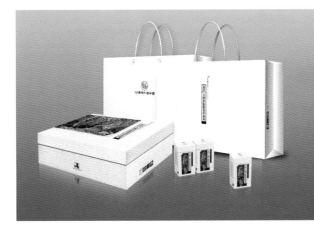

为了帮助普洱茶爱好者更直观的鉴别古树茶，2015年"杨中跃工作室"品鉴、收集了20个山头古树茶纯料制作了"杨中跃工作室普洱古树茶标准茶样系列"。每个山头样100克，为了保持茶样在较长时间内外形、口感滋味、香型和茶气的相对标准，采用散料密封包装。2015年制作的20个山头是：老班章、老曼娥、冰岛、昔归、景迈、易武麻黑、倚邦、蛮专、贺开、南糯山、南本老寨、勐宋苦茶、勐宋甜茶、白莺山、黄草坝、苦竹山、帕赛、打笋山、茶山箐、田房。2016、2017将制作云南有代表性的其余40个山头古树茶标准茶样。

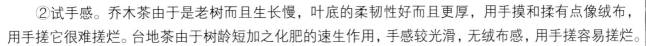

（二）纯料与拼配的品鉴

纯料在普洱茶中一般指用某一山头、某一茶区的乔木老树茶不进行拼配制成的茶品，也称单一茶菁茶。拼配则包括用不同茶区的台地茶拼配、用乔木老树茶与台地茶拼配、用甲山乔木老树茶与乙山乔木老树茶拼配几种情况。

纯料乔木老树茶的鉴别的主要程序：准确把握该茶区乔木老树茶基本特征→闻干茶香→看条索及色泽→看汤色→品滋味、感受茶气、茶香→闻杯底香→看叶底、闻叶底香。详细品鉴法上节已有介绍。

不同茶区台地茶拼配。结合各地茶的特征通过比例的调整以求得品质、口感滋味稳定而且优质的产品。很多大企业的产品都属于这种情况，这类拼配茶中最有名的当然就是勐海茶厂的7542。历史上7542的制作中有盖面的做法，就是用较细嫩的茶做面，下面是比较粗的茶。现在由于大叶茶种植面积的扩大，产量的增加很多企业的拼配茶不用盖面方法了。台地茶压制的普洱茶从外观上就很容易鉴别：条索细嫩、色泽浅而黄绿、芽头多、香气不显不深沉而较飘浮。

乔木老树茶与台地茶拼配。这种做法的茶包装上一定写上是乔木老树茶，拼上台地茶是为了降低成本扩大利润，属于欺骗消费者的行为。这种茶在鉴别时拼入的台地茶比例如果低于10%则难度较大，如果拼入比例较大则容易鉴别。这种拼配茶其包装上一定会写明是某某茶区，鉴别时只要根据这一茶区乔木老树茶的条索粗细、色泽，干茶、汤、杯底、叶底香气、茶汤色泽、滋味、茶气、回甘等综合对比就很容易看出。从条索看乔木茶较粗黑、台地茶细黄，两者拼拢后与纯料比一定会色浅、条细。当然也有故意把台地茶采得较粗老，加工时少揉捻做成泡茶来充老树的，用这种拼入外观会更像些。拼配的滋味一般比纯料的要更苦涩，汤质偏淡薄，汤中甜感不足，回甘更弱更短，干茶、汤、杯底、叶底的香不如纯料，叶底会有深浅两色。

真假易武

甲山与乙山乔木茶的拼配。"两山茶相拼是为求得更好口味"，这种说法是没什么道理的，乔木老树茶追求的就是它不同的风味特征。两山拼配一般是为降低成本以求得更大利润，也属于欺骗消费者行为。我们仔细去看市场上的产品是否发现过有印上是某某山与某某山拼配的字样？实际上用易武茶与江城茶拼配后一定写的是易武纯料，用景迈茶与贺开茶拼配后一定写景迈纯料。在这一类拼配茶中拼配方式主要有两种，一种是用甲山与乙山拼后写上是甲山茶，一种是用乙山与丙山拼后写上是甲山茶。用甲山与乙山拼后写甲山拼配的鉴别关键要看乙山与甲山茶的特征差异有多大，如果差异小鉴别难度就会很大。例如易武茶中如果拼入的是江城的老树茶，鉴别就比较难，因为江城老树茶的条索、口感滋味很像易武，差别主要在甜滑感不如易武，香气稍逊一点，而甜滑感与香

真假老班章

气的少许差别是比较难鉴别的。如果完全用江城老树充易武就比较好鉴别，如果是易武中拼入江城难度就很大。同样如果老班章中拼入的是新班章老树或者老曼娥则鉴别难度也很大，因为新班章老树、老曼娥茶与老班章的外观、口感滋味、香气也很相似，差异主要是新班章老树、老曼娥的苦涩持续时间比老班章长一些，香气回甘稍逊。如果拼入茶的特征差异较大则鉴别就比较容易些，比如用小景谷茶拼易武，用景洪勐宋茶拼老班章，这两种拼法其特点是外形相似，仅从外形上难分辨，但口感滋味、香气、回甘上差异较明显，只要用纯料一对比就比较容易分辨出来。

现在市场上用乙山与丙山拼配充甲山茶的不少，当然直接用乙山、丙山不拼充甲山的也多。这种拼配法的产品最多可以做到外形相似，口感滋味、香气、回甘上会有较明显差异，只要有标准的纯料茶加以对比会比较容易鉴别出来。

（三）群体种与无性系种的品鉴

群体种包括乔木老树和矮化台地两种，作为乔木老树品鉴前面已有介绍，这里主要谈台地型群体种。其实作为台地型的群体种，由于管理方法、采撷量等都与无性系台地茶基本一致，制成普洱茶后其品质已经没有太大差别，如果树龄较长、密植度小的品质会更好一点，但树龄长、密植度小的群体种很多是小茶厂或茶农自己的，有些会滥用农药化肥，那样就不好了。从特征上区别群体种和无性系种，无性系特点是叶芽的形状、色泽一致，因而制成品的条索粗细、色泽也就一致，而群体种的叶型，叶的厚度、色泽多样，有紫芽、红芽，有墨绿色叶等，因而制成品的条索会粗细不匀，色泽深浅不一。

群体种　　　　　　　　　　无性系

（四）野生型

野生茶没经过人工驯化，多数野生茶的毒性明显，饮后会有身体上的反应，如腹痛、腹泻、头晕等，是不能饮用的。但前些年由于有人盲目炒作，有不少野生茶制成品进入市场、进入茶仓。鉴别野生茶可以从以下几个方面入手：第一看条索、色泽。野生茶由于没有修剪，少有采撷，因而芽头很少，采时为求数量势必采得比较粗老，其制成品粗老叶多，梗多，很多没揉出明显的条索状，因为是野生于山林中其色泽黑且不亮，芽头呈金黄色，栽培茶的芽头是白色。第二看汤色。野生茶汤色变化较快，制成品几个月后汤出现金黄色，一年后转为黄红，不少野生茶的汤不够透亮。第三品滋味。由于野生茶品种较杂，其口感滋味没有统一特征，有的苦得像苦的中药，有的则苦淡，多数野茶涩度很低，回甘不佳。第四闻香气。野生茶新制成时有类似乔木老树茶的强烈茶香，且香型因品种和产地不同而比较复杂，有的有花香，有的有肉桂香等，但共同特点是香味释放很快，自然存放一年后多数就香气尽失。第五闻杯底香。一年内的野

野生、驯化、栽培型

生茶制成品的杯底香比较强而且香型多样化，一年后退化很快。第六看叶底。野生茶由于品种杂，叶底也呈现多样化，有的叶沿光滑无齿，有的叶沿靠叶尖一半有齿，靠叶柄一半无齿。有的与栽培茶一样有齿。用手捻之柔韧性很好。

（五）驯化型

驯化型指的是该茶树本是野生的，但因其毒性不大，可以饮用而长期被采撷制茶饮用，在不断地采撷中其毒性被分解减弱。这类茶目前主要分布在景东、云县、凤庆一带。当地人称"大山茶""本山茶"。这类茶的制成品很像野生茶，其特征是粗黑不亮，少芽头，芽头金黄，多不成条索状，其黑度略低于野生茶。汤色变化速度相似于野生茶。苦涩不显，尤其涩度较低，甜感和回甘不如栽培型，叶底柔韧度好，叶沿没有齿或少齿。由于有多年驯化毒性变小，一般饮后不会有中毒反应。

（六）过渡型

过渡型最著名的就是澜沧邦崴的过渡型大茶树，在近年进行的茶树资源普查中又在景东、镇沅、澜沧发现多株过渡型大茶树。过渡型茶制成品的特征是芽头肥大且较长，条索色泽同于一般的乔木老树茶，汤色淡黄绿色，且转变速度慢于一般乔木老树茶，茶汤基本无苦涩味，汤中带甜，香气不强但持久，耐冲泡，20泡后口感滋味还像第一泡。

（七）紫芽茶

在群体种中由于自然变异的原因，有一部分茶在新芽时呈现紫红色或红色，叶片长老后变成绿色，而且很多紫红芽的老叶都比其它茶更墨绿。在一些紫芽茶多的群体种茶园中，紫芽比例可以占到 10% 以上，在紫芽茶中有少量的叶脉、叶梗也是紫红的。一般的紫芽茶制成产品后泡出的汤色与其他茶一样呈黄绿色，只有紫色较突出且叶脉叶梗都是紫色的制成产品才可以泡出紫色的茶汤。勐海茶叶研究所培养的无性系紫娟茶就属于可以泡出紫色茶汤的品种，近年已在西双版纳、普洱市等多个地方推广种植。茶叶芽头呈现紫红色是因其含有花青素。花青素曾被认为是有毒物质，不可食用，因而过去曾对茶园中的紫芽茶树进行过清除，近年研究认为花青素具有很强的抗人体氧化作用，可以减缓衰老，可以防癌等，由于对花青素的重新认识，出现了紫芽茶的炒作热，曾有一饼紫娟茶卖上千元的。目前市场上紫芽茶一般称紫娟，其特征是：无性系繁殖，其条索整齐一致，色黑，芽头多也黑。一年内的制成品汤呈紫色，一年后汤转金黄色。茶香与其它茶有别，带有一种

紫娟

新紫娟汤

新紫娟叶底

5年紫娟汤和叶底

紫娟饼

特殊香型。叶底色深，呈靛青色，老叶则呈深绿色。如果用群体种，尤其用乔木老树茶的紫芽制成品，则条索粗细不一，色较黑，芽头黑白不一，汤色呈黄绿色，香味与其它茶无明显区别。原因是群体种紫芽茶叶紫到可以泡出紫色汤的只占不到 10%。

（八）烘青、炒青与晒青

烘青与炒青都属于茶叶分类中的绿茶类，烘青是在揉捻后用一百多度高温烘干，一是提香，二是让杀叶水分低于 7% 让杀叶保持绿条绿汤，二是用高温中止酶的活性。炒青有杀青时就直接炒制完成的，如龙井，也有在揉捻完成后再炒的，目的也是提香和减少水分防止黄变。绿茶是贵新不贵旧，当香气释放后绿茶价值就降低了，由于高温和水分降低的双重作用，茶叶中的酶的活性被抑制，绿茶苦涩退化速度会变得很慢，烘干到位的绿茶留二三十年后其汤色仍是黄绿，苦涩依照，叶底也是黄绿。有些烘炒时温度不够高，水分减少不够的绿茶会有黄变现象。

晒青由于没有经过高温干燥提香过程，叶茶中保存了有利茶叶继续变化的水分有利酶的作用，使茶汤会变红、苦涩降低，保存合理还会越沉越香。

晒青与烘青

炒青

绿茶的标准汤色是浅绿色，存多年后汤色也不会变，茶香中带有明显的烘炒香。晒青的汤色新茶是黄绿色，如果泡几分钟就会成金黄，两年之后向金黄、黄红、红黄、红、栗红转变，香味是正常的晒青茶香，无烘炒香，二者仅从这两个方面就能明显区分开。

绿茶由于其不会变化是不能制作成普洱茶的。但在历史上有用绿茶制普洱茶的情况。一是在 2000 年前有一段比较长的时间有烘青拼晒青制紧压茶的产品。当时的国内尚无存老茶的习惯，紧压茶也是喝新茶，因而有紧压茶中用晒青拼烘青压制，求的是晒青的味足与烘青的香气的结合。这种拼压的结果是存放二三十年后，茶中晒青变红变不苦涩，而烘青不变，其表现是汤色红亮（晒青红色重包容了烘青绿汤），饮之苦涩明显，叶底有栗色与黄绿色两种。这种茶由于苦涩无法退尽不能算真正的普洱茶，就算有几十年存期价值也不大。

绿茶碧螺春压沱

晒青烘青混压茶

另一个用绿茶制普洱茶发生在 2007 年。2007 年春由于普洱茶的热炒导致茶价比 2006 年大大提高，乔木老树茶多数提高 2~3 倍，台地茶提高 5~6 倍，过去十多二十元一千克的台地茶涨到七八十元，有的甚至上了百元。这种情况下很多本地绿茶和外省小叶种绿茶开始拼入晒青中发酵熟茶或直接拼入压制生饼。因此在购买有二三十年的砖茶、沱茶时要注意鉴别是否拼入烘青，在购买2007年制作的生茶、熟茶时也要注意鉴别是否拼入了烘青或小叶种。烘青的特点是条索绿黄、汤绿黄、叶底绿黄，汤中有烘香味。存几年后烘香味已经不存在，但条索、汤、叶底的黄绿不会变，如果拼入晒青，则从汤色上看不出，因为绿茶汤色淡，晒青汤金黄会掩盖绿茶汤色，只能从干茶和叶底来看，会有明显色差，如果存到五六年口感滋味上也会明显起来，如果是不拼的晒青，五六年后苦涩会下降而拼入烘青的则会变化不明显。小叶种当时多数是以烘青方式进入的，加上其芽多、芽小等因素较容易分辨。

（九）红茶、美人茶压饼

目前市场上有用红茶用美人茶压制的茶饼，有的称是普洱茶，有的不说普洱茶，也不注明是红茶、美人茶而用抽象形容词冠名。用红茶压饼带有明显利用红汤仿冒老茶的含义。由于红茶与美人茶的制作工艺与普洱茶差别较大，其色泽、香气、口感滋味明显不同于普洱茶，只要喝过红茶、美人茶应该很容易分辨出来。

红茶饼

（十）特型茶

特型茶包含金瓜、茶柱、竹筒茶以及压制成足球、象棋、压上文字图案的工艺茶。在特型茶中工艺茶基本就是一种装饰用工艺品而不是用来喝的茶，原因一是作为工艺品喝了可惜，二是工艺茶所用原料多是一些不好的茶，如碎茶、茶末等，三是工艺茶一般用于摆设，光污染几年后会难喝，四是有些工艺茶的模具是用中密度板制成，会将中密度板中化学胶等带入茶中。因此工艺茶就作为一种工艺品保存不必讨论怎样品鉴它。

金瓜

特型茶中的金瓜、茶柱、竹筒茶共同的问题是容易长霉发酵。金瓜、茶柱由于体积大，蒸压时吸入的水分很难蒸发，容易发生内部霉变问题，竹筒茶虽然不粗大，但由于竹筒的包裹水分不易散发，也容易发酵霉变。要防止霉变保证干燥到位，就会对金瓜茶柱进行长时间的烘房干燥，对竹筒茶进行火烤，这又容易产生温度过高和干燥过度问题。在品金瓜、茶柱、竹筒茶时最需要注意的是年份鉴别问题。由于干燥难度大，这几种茶都比较容易发生轻发酵，有的金瓜、茶柱内部甚至会重发酵。发生轻发酵后，苦涩消退、汤色变红的速度根据轻发酵程度比正常茶快1~3倍，因此喝到一款汤色红亮，苦涩很低的特型茶不要以为已经有几十年，也许它只有两三年或七八年。另外金瓜茶柱制成后多数作为装饰品陈放，多年的光污染和跑香会使金瓜茶柱失去品饮价值。结论就是特型茶不是收藏和品饮的最佳选择，不应该大量购买。

工艺茶

（十一）老普洱茶品鉴

1. 老普洱茶的保存现状

了解老普洱茶的保存现状是鉴别老普洱茶的必要前提。

1949 年中国人民革命胜利，1956 年三大改造完成，私营茶庄不复存在。资产阶级、小资产阶级也改造成了社会主义劳动者。至此普洱茶的生产、贮藏、品饮暂时告一段落，甚至故宫保存的不少普洱茶也被打碎掺入其它茶中消费掉了。在以后的大约四十年里，只有少量国营茶厂在生产少量普洱茶销往香港等地为国家换取物资、外汇。还有少量用粗老叶片制作的"边销茶"销往藏区等。中国大陆有一定规模的普

老边销砖

洱茶仓储已近绝迹。由于普洱茶有存新茶、喝老茶的传统，因此几十年后由于长期没有存茶，人们已经忘记了历史上还曾经有"普洱茶"这种东西。1993 年当第一届中国普洱茶叶节在思茅举办时，普洱茶原产地的人们已经很少有人知道什么是真正的普洱茶，对台湾、香港人带来的老普洱茶感到困惑，最流行的一句话是"茶留了几年还可以喝？"甚至到了 2000 年后都还有茶厂用绿茶或者用绿茶拼晒青茶压制普洱茶。

当 21 世纪普洱茶逐渐为国人重新认识时，人们才发现那种要存储多年才饮用的"普洱茶"已经很难寻求到了。

由于历史的原因，现在保存下来的老普洱茶大约有以下几类：

第一类，香港为主的传统茶庄的存茶。由于普洱茶是贵旧不贵新，有存老茶卖的传统，因此香港等地的传统茶庄都有存茶的传统，而且在较长的存储实践中，香港的茶仓也总结了一些存储的经验，因此最多、最好的老普洱茶是在香港。当然要说明的是由于各茶庄的仓储方法有别，加之香港属于高温高湿的地区，香港存出来的老茶中也有相当比例的老茶有跑香霉变的问题，因此香港仓储的老茶也要慎重选择。

第二类，从香港流到台湾、大陆等地的老茶。20 世纪 90 年代中期台湾出现炒作紫砂壶热，同时也带动了普洱茶热，香港仓储的普洱茶开始大量流入台湾，2005 年后由于大陆普洱茶热的出现，又有不少老普洱茶从香港、台湾流入大陆。影响普洱茶品质的三要素是原料、制作、存贮。存贮得当的香港仓中有不少品质好、沉香足的老茶，但老茶一旦开仓后不注意保存，沉香会很快散去，一般称之为"跑香"。

一般而言出仓后的老茶如果保存不当，单片的茶饼随意摆放 2 个月后，沉香就会散失 50% 以上。成筒的如果随意摆放，沉香也会明显下降。因此从香港流到台湾、大陆的老茶中，有相当数量的会出现甜滑足但沉香不足。

第三类，历史上销到西藏、内蒙古等牧区没饮完而保存下来的老茶。这些茶一般会有两个不足，一是原料多为粗老叶，会使汤质滑润感不足，汤薄；二是多为自然存放，跑香较严重。但这类茶有一个优点是存放地方气候干燥，不易受潮变质，与同样存放在广东、港台地区的自然存放的茶相比这类茶的香气、品质会更好一些，尤其这类茶中有一些用正常茶菁压制而不用粗老叶压

30 年老茶梗

制的茶品质会比较好。但这类老茶的数量不多。

第四类，普洱茶的生产、销售企业保存下来的茶样。这些茶样如果放在样品室，长年的跑香和光氧化会使这类茶缺乏沉香而且会有严重的光氧化味，有的书中称为"日光臭"。如果存放在专门的仓库会比较好，这类茶的数量不多。

第五类，普洱茶的生产、销售企业未售出的库存。这种库存的茶由于是自然存放一般会沉香不足。如果仓库湿度大还会有霉味或湿仓味。如果仓库防潮做得好的，会有一些比较好的茶。

2000 年水涝杀青茶

第六类，普洱茶生产企业当年挑拣出来的粗叶、碎茶，放置库房多年，有的被找到后翻压成了老茶饼。这类茶一般都会香气严重不足，而且很多受过潮。

第七类，一些山区茶农当年制作后没售出而又没扔掉的晒青毛茶，有人零星收拢后翻压成紧压茶或作为老散茶销售。这类茶跑香和易霉变是通病。

第八类，广东仓储茶。广东仓储的茶大体可以分三类：控制型干仓、自然仓、人为湿仓。广东虽有存茶传统，但大量存茶是近十年的事，广东的人为控制湿度的干仓应该可以存出好茶，但目前这种仓数量不多且存茶时间还不长。自然仓是广东最多的存茶方式，由于广东

湿仓茶

属于高温高湿地区，自然存放的茶叶跑香是通病，如果存放地方湿度过大还会受潮发酵变质。如果存放地相对干燥则会有比较好的茶。广东仓储中前些年有湿仓存法，就是用人为增加温度湿度方法让茶加速变化，虽然近年来湿仓存法已被普遍认为是不好的存放方法，湿仓味也被普遍拒绝，但用湿仓法存留下来的茶已有很多，其中还有不少是轻度入湿仓后拿出来退仓的茶。

第九类，人为做旧的"老茶"。一般用轻度发酵加湿仓存放的方法可以让茶的变化速度加快 2~3 倍。

2.怎样品鉴老普洱茶

（1）什么是好的老普洱茶

要讲品鉴老普洱茶，当然要对什么是好的老普洱茶下一个定义。好的老普洱茶不是以年份品牌来定而是要以品质来定，如果用最简短的文字来说明那就是"香、甜、滑"。

好的老普洱茶应该是汤色红亮而不是深浑的。

好的老普洱茶应该是沉香显、香气纯正而不是有湿仓味、霉味、异味的。

好的老普洱茶应该是汤中带甜而不是无味或有异味的。

好的老普洱茶应该口感饱满滑爽，饮后口腔咽喉滑润甘爽而不是饮后口腔咽喉会燥、会苦、会干、会腻的。

好的老普洱茶应该是叶底红栗色、色泽一致、有弹性的而不是有花杂的干黑叶、软烂叶的。

正常老茶叶底

（2）品鉴老普洱茶的技巧

品鉴老普洱茶的第一个重要技巧是冲泡。冲泡老茶最关键的就是水温，水温越高，老普洱茶的香味发挥得越好。因此冲泡老普洱茶时水一定要开，泡茶壶一定要壶壁厚保温好的壶，冲泡前和冲泡过程中一定要多次用开水淋壶来加温、保温。

存不好生茶叶底

品鉴老茶的第二个重要技巧是不看包装纸，不看品牌、年份。先入为主是品鉴普洱茶的大忌。茶要用嘴喝，不要用眼睛和耳朵喝。现在有很多书、很多文章把品鉴老普洱茶的重点放在包装纸的考证上是不对的。要知道现在的印刷技术要印出 50 年代或者哪一个年代的"手工绵""雕板印刷""人工盖印"的包装纸实在是太容易了。另外现在保存下来的老茶中存坏的，存得不好的比存得好的还要多，由于普洱茶大量存于香港、台湾、广东，这些地方属于高温高湿地区，加之前些年一度流行过湿仓存茶，因此现在保存下来好的老茶比例可以说是很少的。从 90 年代起又出现了利用轻度发酵技术来制作的"老茶"，所制之茶从大红印到鸿泰昌、同庆号、宋聘号、7542、7572 七子饼应有尽有。由于历史上的诸多因素影响，现在保存下来的老茶如果要进行一个等级分类大约可以分成以下几级：第一级沉香明显，汤中带甜，饮后口腔咽喉滑润甘爽，叶底正常。第二级饼有少许霉点，叶底有少许黑硬叶，但沉香明显，汤中带甜，饮后口腔咽喉滑润。第三级香弱，汤中带甜，饮后口腔咽喉滑润，叶底正常。第四级，基本无香，汤中基本无甜，饮后口腔咽喉无不适感，

仿同庆

叶底正常。第五级有沉香，汤中有甜，饮后咽喉口腔有干、苦等不适感，叶底有黑硬叶或软烂叶。第六级无香，汤中无甜，饮后口腔咽喉有干、苦等不适感，叶底有黑硬叶或软烂叶。

现在喝老茶的人中喝年份、喝包装低、喝红汤的很多。我自己因机缘巧合也喝过不少老茶，但在所喝过的老茶中印象最深的不是号级、不是印级而是一款 80 年代勐海茶厂的存于香港仓中的 7542，那款茶由于存储好，饼上沉香突显、纯正，汤中有香，泡到 20 多泡后汤中仍有香，汤红亮饮之滑爽，叶底栗红有弹性、无杂色。而有的超百年的老茶无香无甜无滑润甘爽，只能是喝历史。对于那些已经跑香、变质的老茶，其价值已不是用于品饮而只能作为当时生产方法的一种物证加以保存研究了。

就年份鉴别而言，如果是自然存放基本没受潮或者是干仓存放的茶，一般而言存 5 年后汤色开始转红，5-10 年的茶汤色从金黄向红中带黄转变，但苦涩依然明显。10 年后的茶汤逐步变成栗红色、酒红色，苦涩开始较明显的下降，但在 20 年内苦涩仍然会明显。20 年以后苦味逐渐减弱，到 30 年后多数老茶苦味会很微弱甚至已无苦味，但涩味会比苦味持续更长时间，有的存了 80 年的老茶仍会有少许涩感，但如果是制作时经过轻度发酵的茶以及存放中受过潮的茶则变化速度会加快，根据发酵程度与受潮程度的不同变化速度会加快 2-3 倍甚至更多。当然加快变化的茶口感、香味、叶底等都会有明显的痕迹。

3.品鉴老普洱茶的方法与步骤

（1）看、嗅茶饼。好的老普洱茶应该是条索分明、老嫩叶色泽不同、油亮发光的。如果饼面有明显的霉点、色灰暗、条索不分明，色泽近似渥堆熟茶则说明该款茶或是存放受潮变质或是较长时间受光辐射或是人为轻发酵做的旧茶。

好的老普洱茶应该有近似于干梅子香与茶香混合的沉香味，嗅之香气纯正、舒服。如果嗅之有霉味、仓味、异味则是受潮或人为翻压茶。

如果茶饼有少许霉梗、嗅之有少许霉味，但冲泡后汤色、口感滋味、叶底都正常也可算是比较好的老茶了。

10 年汤与叶底

（2）看汤色。好的老茶其汤色一定是红而明亮的。如果汤色发黑、发浑茶就有问题。但是汤色不是品鉴老茶的重要指标。湿仓茶、轻度发酵茶中也会有汤色红亮的茶品。

（3）品滋味。好的老普洱茶应该是汤中带甜，汤质滑润饱满。如果年份够，由于茶中与苦、涩相关的成分已经转化，会有"化"的感觉，所谓"化"就是褪尽苦涩只剩滑润饱满的感觉。如果年份不够，汤中会有苦涩感，但存放得好的茶饮后苦涩会很快退去，口腔咽喉会感到滑润、甘爽。如果饮后口腔、咽喉出现燥、干、苦、腻等现象，那就说明这款茶一定有较长时间的受潮变质过程，或是湿仓存放过，或是自然存放在潮湿环境。人为轻度发酵过的茶存放一些年后也会有类似的感觉。

20 多年汤与叶底

30 多年汤与叶底

在品鉴老茶时，"苦"是要特别注意的一个问题。老茶"苦"感有两种情况，一种是茶本身的苦味没有退完，如果存放在比较干燥环境的茶 30 年后仍会有苦涩，这种苦是正常的苦，这种苦感与新茶的苦很相似，其特征一是苦中带甜，二是苦在口腔或上腭前部，三是苦退得比较快，且苦退后回甘明显。有这种正常苦味的老茶其叶底一般也是正常的。

另一种苦是因存放不好而产生的苦。普洱茶在存放中入过湿仓或者受潮变质也会有苦味。这是不正常的苦，其特征一是干苦；二是多苦在上腭后部至咽喉，三是退得慢，四是常与燥、干、腻的现象一同出现，五是叶底一般花杂，有黑硬叶、软烂叶。

40 多年汤与叶底

（4）体味沉香。"越沉越香"是普洱茶区别于其它茶类的最重要特征，也是普洱茶的重要魅力。"越沉越香"的关键因素是存放方式与存放条件，这个问题在讲藏茶时有详细介绍，这里不再讨论。沉香是老普洱茶的魅力所在，也是衡量一款老普洱茶好坏的重要指标。由于沉香的形成与原料、制作方式、存放方式都有关系，因此沉香的强度、香型都会不同。好的老茶应该是饼、汤都有明显的纯正的沉香，饮之口腔、鼻腔也有明显纯正的沉香。这里之所以要强调"明显""纯正"是因为"香"容易体验到但比较难于用文字形容，于是才会有木香、樟香、荷香、花香等多种听起来很直观但饮后又很难准确对应的形容词出现。因此在体验沉香时不必管它是什么香，只要香气明显、舒服、纯正就是好香。如果一定要去划分清楚是什么香型很容易误入歧途。有一款来自西北的纯干老茶，其叶底已有少许炭化痕迹，其年代之久远可想而知。泡饮后马上有人发表高见："木香""樟香"。其实是放在实木制的，还放有其它物品的柜子、箱子中多年后吸入各种杂味出现的味道。

好的沉香明显、舒服、纯正。自然存放，基本没有受潮的老茶也会有舒服、纯正的沉香，只是"明显"程度会差很多。

轻度发酵茶保存得当也会有沉香，入仓茶只要湿度不过大也会有沉香，只是会比较弱。因此沉香只是追寻老普洱茶舒服感的要素，而不是鉴别是否受潮变质、是否入过湿仓、是否轻度发酵的重要指标，关键指标是口感滋味和叶底。

（5）感悟茶气。茶气是客观存在但比较难于领悟和用文字形容的概念，因此过去被列入"玄学""忽悠"的范围。茶气其实就是茶叶内部的能量释放。在"茶气"一节有专门论述。一款茶的茶气强弱与原料的树龄、加工方法、存贮方法都有关系。一般而言老树茶强于小树茶，干仓茶强于湿仓茶，因为湿仓茶在存放过程中发生了发酵，茶叶中的能量已经大量释放了。茶气最容易感悟到的是饮后神清气爽，手心、脚心、小腹、脊柱、头顶等会发

作者与广东茶人郑鉴洪先生在品鉴老茶

热冒汗。这种感悟的程度与不同人的敏感程度有关。同一款茶气强的茶有的人会多处发热出汗，脸发红，有的人有部分发热出汗，有的人会基本无感觉。

茶气强弱可以作为一款老茶的原料、制作、存贮是否优良的重要指标之一。一般而言，茶气与原料的树龄的年份有关；茶气与制作方式有关，轻发酵的、高温烘焙的茶很难体验到茶气；茶气还与存贮是否干燥有关，受潮变质的和经过湿仓存放的很难体验到茶气。

（6）体验回味。回味包括回甘和饮茶之后口腔、咽喉的感觉。好的老茶饮后回甘而且口腔、咽喉有滑润、甘爽的感觉。存放得当但时间不够仍有正常苦涩的老茶，饮后苦涩很快退去后同样有回甘，同样口腔、咽喉会滑润、甘爽。如果制作有高温烘焙或轻发酵，存放受潮变质或入过湿仓的茶，存放多年后拿来品饮，饮后口腔、咽喉仍会有燥、干、苦、腻的感觉。当然不是每款品质有问题的茶都会同时有燥、干、苦、腻，品质有严重问题的会几种兼有，品质有一定问题的有的只会有一两种。

（7）细查叶底。普洱茶如果原料、制作、存贮三个环节中有什么问题，一定会在叶底上反映出来。看叶底是鉴别普洱茶原料好坏、制作和存贮是否科学合理的最重要方法。

好的老茶叶底应该色泽一致，叶片清晰，摸之有弹性，揉之不软烂。

湿仓汤

重度湿仓叶底

如果叶底色泽一致，叶片清晰，但用手轻揉会软烂的，同时饮后无明显燥、干、苦、腻感，一般是轻发酵但没入过仓的。如果饮后有燥、干、苦、腻感是轻发酵后入过湿仓。

如果叶底花杂，混有一定比例的黑硬叶或黑硬梗的，一般是散茶轻度受潮发酵后翻压过保存下来的。如果保存中没有入过湿仓，则饮后一般无燥、干、苦、腻感，如果有则一般是入过湿仓。

如果叶底全是黑硬叶的，甚至结块泡不开的，一般是经过重度湿仓存放过的。

4. 老茶中的乔木老树茶与台地茶的品鉴

云南大量种植台地茶开始于20世纪70年代末，而可以证明的用乔木老树茶纯料制作的普洱茶开始于1995年。根据普洱茶产区的种茶与制茶的历史，号级茶应该是老树为主混有小树原料，因为那时制茶并不讲老树小树，产区内一直在不断种茶当然有小树茶混入。50至70年代的普洱茶也是老树与小树原料混制，也称为群体种原料，只是这期间新茶园的增加使小树原料比例要高于号级茶。也就是说号级茶和70年代以前的茶是不需要也是无法鉴别是否老树小树的。从1980年至1995年期间所生产的普洱茶是老树原料与小树原料混合使用的，由于台地茶的大量出现原料中台地茶的比例已经超过老树茶原料，而且是越往后台地茶比例越大。这期间由于没有用老树纯料制茶的理念因此也不存在老树茶与台地茶的鉴别问题。1995年后以真纯雅号和云海圆茶为开端用老树茶纯料制作的普洱茶开始大量出现。

老树茶与台地茶制作的老茶的鉴别：（1）看条索。老树茶一般比较粗老，芽头少，多会有黄片茶梗。台地茶条索一般细而紧结，芽头多。但这只是鉴别的第一步，因为在普洱茶的制成品中有用台地茶粗老叶仿制的老树茶饼。也有用老树茶一芽二叶制作的条索紧结芽头多的老树茶饼。

（2）闻茶香。用避湿、避光、相对密封条件保存的老茶，就算存十年以上，老树和小树都会有很好的沉香，但老树的香要比小树的更深沉和强烈，差别明显。如果是自然保存，四、五年后由于茶香的散失老树茶与小树茶的香会逐步靠近，区别变小，十年后基本没有区别。如果有受潮轻发酵则三、五年后就会基本无区别。

（3）品滋味。用避湿、避光、相对密封条件保存的和自然保存基本没有受潮的老茶，老树茶的老茶汤甜滑感优于台地茶，口腔、咽喉的回甘和滑顺感也优于台地茶，而苦涩感则要明显低于台地茶。其中涩感是区别最明显的，五年后的老树茶涩感明显下降，十年后涩度会很低，而台地茶的涩度下降会比较慢，二十多年的台地茶涩感仍然会比较明显。如果有受潮轻发酵则二者的区别会小。

（4）看叶底。十多年以后老树茶与台地茶的叶底在色差上已经不明显，用色差区别的方法不能用于老茶。一般而言老树茶的叶底会比较粗老，芽头少，茶梗会比较多。台地茶会较细嫩，芽头多，基本无茶梗。另外老树茶与台地茶的叶底的韧性会有区别，老树茶的柔韧性会更强。

（十二）轻度发酵茶品鉴

1. 什么是轻度发酵茶

在一般的宣传和一般人的认识中，普洱茶主要分为生茶和渥堆熟茶两大类。实际上在普洱茶的产品中还有一种既不同于生茶又不同于渥堆熟茶的轻度发酵茶。所谓轻度发酵茶是指通过人为或自然因素让一定量水分进入茶叶中促使其发生了轻度发酵的茶品。

轻度发酵茶与生茶比苦涩明显降低，汤色转红，与渥堆熟茶比，由于发酵程度低，因而保存了茶叶的较多活性，香甜感要更好。轻度发酵后存放一定年份的普洱茶，极容易被误认为是几十年的老生普洱。

白针金莲　　　　　　　　　　　　　白针金莲汤及叶底

轻度发酵的方式主要有4种，一是揉捻后不马上晒干而是保留水分闷放使其轻度发酵，发到一定程度后再晒干。二是将晒青毛茶洒水渥堆轻度发酵，但不发到熟茶程度。三是晒青毛茶在蒸压成饼（沱）后，不马上去掉布袋晒（烘）干，而是连布袋一起保留水分放置阴凉处让其轻度发酵。四是将晒青毛茶放置在相对潮湿的房间让其轻度发酵。

众所周知，渥堆熟茶经过几十天的渥堆发酵后，已经变成"熟茶"，而生茶在自然状态或干仓状态下要达到渥堆熟茶的"熟"度需要 30 年以上的时间。轻度发酵茶因为经过了轻度的发酵其变化速度就会比生茶要快很多。由于轻度发酵茶保存了生茶很多活性，在品饮时很像老生茶，因此在市场上就会以老生茶的标准在销售和品饮，这就容易产生两个误区，一是价位误区，以老生茶价位卖轻发酵茶商家就占很大便宜。二是品饮误区，把轻发酵茶的口感误认为是老生茶就会对老生茶口感产生误解。

要说明的是轻度发酵茶虽苦涩下降，汤色转红，但会保存很突出的轻发酵的发酵味，这种发酵味比较难喝，要达到相似老生茶的观感和口感，一般要超过十年的存期。

2. 轻度发酵茶的分类

轻度发酵茶可分为人为轻发酵和自然轻发酵两类。

人为轻发酵茶在 20 世纪 90 年代之前，主要是想通过轻度发酵来加速茶叶的变化，加快降低苦涩度，制作者仅把这种工艺作为加速普洱茶变化的方法，没有人为做旧仿老茶骗人的意思。

这时期的人为轻发酵茶主要有两种，一种是一些少数民族的制法，其方法是鲜叶杀青、揉捻之后不马上晒干，而是闷堆轻发酵，这种制法类似于黑茶做法，只是发酵度比黑茶轻很多。这种制法的茶叶主要供自己饮用，很少有存放较长的实物。另一种是勐海茶厂创始人范和钧先生在 40 年代制作茶品的方法之一，其

范氏轻发酵茶及汤色叶底

法是将晒青毛茶蒸后用布袋包起挤压成沱茶，之后不去布袋，不晒干，保持水分放置阴凉屋角约 40 天，让茶发热至 40 度左右，发生轻度发酵，再打开布袋将沱茶晒干。

范和钧先生的制法和理念后来在勐海茶厂保留下来，在 20 世纪 80 年代之前，勐海茶厂的茶品中有一定数量的轻发酵茶品，在邓时海先生的书中列出过几款 2~3 成熟的茶品就是轻发酵茶。

人为轻发酵茶的第二时期约始于 90 年代后期，这时期由于市场开放，做假之风

散堆轻发酵茶及汤色叶底

渐成,于是出现了一些人为做旧茶,其法主要有两种:一种是将晒青毛茶洒水渥堆轻发酵,但不发到熟茶程度,发酵后晒干再蒸压成紧压茶入仓等待转化完成。第二种是将晒青毛茶故意堆放在湿度相对大的地方,存1-2年后让茶叶轻度又潮发酵,再蒸压成紧压茶入仓等待转化完成。由于轻发酵茶的转化完成一般需要十多年时间,因此这些茶还基本没有上市。

竹筒茶

自然轻发酵茶分两种,一种是茶农或茶厂没有售完的毛茶放置家中或仓库中,由于产茶地区湿度一般较大,放置几年后茶叶相对受潮发生轻度发酵,市场上会不时见到这种茶被加大年份在销售,也有人收到后压饼当老生茶卖。

另一种自然轻发酵茶是制作者无轻发酵的主观意念,但制法让茶发生了轻发酵,这种茶应该算作是人为与自然兼有的轻发酵,其茶品主要有竹筒茶、金瓜、茶柱等。竹筒茶因竹筒限制了水分的蒸发,如果不能很快烘干则一般都会产生轻度发酵。金瓜和茶柱则由于体积过大,内部水分难于散发则极易发生轻度发酵。金瓜与茶柱的外壳部分由于水分容易散发,一般不会发生轻发酵,内部则根据体积大小会发生程度不同的发酵,发酵严重的甚至在冲泡品饮时会有泥土味产生。就算用烘房烘干,如果体积过大,烘上十多二十天也会轻度发酵。在品鉴竹筒茶、金瓜、茶柱时,汤色、滋味口感不可用老生茶标准衡量,否则年份判断上可能会出现超过十年的误差。

3. 轻度发酵茶的鉴别

普洱茶只要在制作、存放过程中发生非正常情况,一定会在汤色、口感滋味、叶底等方面暴露出来。

汤色:在轻度发酵茶中,揉后闷发酵、蒸压后发酵、轻度洒水渥堆发酵几种茶在冲泡时汤色一般都会有程度不同的发浑不清亮的表现,就算存放十多年也没有正常存放的老生茶清亮。而毛茶散放在相对湿度较大地方1-2年的轻发酵茶汤色一般不会发浑。

渥堆轻发酵汤与叶底

口感滋味:轻发酵茶经过轻度发酵后,其苦涩感和汤色约相似于5-10年的茶品,但由于轻发酵茶用很短时间进行转化,虽然苦涩下降、汤色变红但会产生一种不好喝的轻发酵味,这种轻发酵的异味要在存放十多年后才会散去,如果喝到一款汤色、苦涩感像十多年但有明显轻发酵味的茶,就有可能是不到存期十年的轻发酵茶。轻发酵茶的发酵味经十多年的存放完成去除后,其口感滋味会介于老生茶和老渥堆熟茶之间,其特征是汤红、汤质较滑润,茶香较好，会有豆香、豆沙香、藕香、荷香之类香味，但老生茶应有的茶气和老生茶的特有香气以及老生茶的活泼多层次的感觉无法产生，也难有好的生津感。

叶底：揉后闷发酵、蒸压后发酵、洒水渥堆轻发酵这几类轻发酵茶的叶底一般会颜色一致，叶片清楚完整，只凭看很像老生茶，但如果用手揉则软而易烂。把晒青毛茶存于相对较潮地方1~2年的轻发酵茶叶的叶底，观之色泽花杂会有部分黑叶片，用手揉捻在正常色泽的叶底中会有少量软烂叶片，而黑色的叶片则一般会显得很干硬。

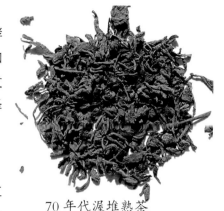
70年代渥堆熟茶

（十三）渥堆熟茶品鉴

以个人观点而言渥堆熟茶实在不应该出现，因为它的出现把普洱茶的概念搞得复杂化，在它出现前普洱茶就一种，新的生茶是米，老的熟茶是饭，渥堆熟茶出现后为了区别只好用"老生茶"这个词，什么叫"老生茶"？既然老就不生，生就不老，出了逻辑笑话。渥堆熟茶出现造成的第二问题是引出了普洱茶是否是黑茶的争论。由于渥堆熟茶的出现，其工艺相似于黑茶因而被中国茶叶界把普洱茶定性为黑茶类，引出大量的笔墨官司至今仍在进行。第三个问题也是最致命的问题就是导致发酵说的推广，导致现在市场上茶仓中几乎找不出越沉越香的普洱茶。渥堆熟茶是发酵茶这是毫无疑问的，但普洱茶的正常变化应该是内部酶作用而不是微生物发酵，由于渥堆熟茶的出现，普洱茶的定义和理念中加入了发酵概念，既然是发酵就要有微生物，就要增加湿度，普洱茶加入了微生物发酵后就不会越沉越香了。

普洱茶出现在澜沧江流域这块土地上已有上千年，普洱茶得名也有数百年了，而渥堆熟茶只出现了三十多年，这算什么？算普洱茶的孙子？算普洱茶的另类？还是算普洱茶的衍生物？

发酵轻叶底

渥堆熟茶出现的原因是香港人有喝老茶的习惯，而新中国成立后私营茶庄的消失使存茶传统中断，为了制造出能赚外汇的"老茶"才创制出了渥堆熟茶工艺，所以渥堆熟茶其实就是一种老普洱茶的临时替代品。设想一下过些年后人们大量存放的老生茶大量上市后会是什么情景？老生茶的口感滋味、香气、回甘、茶气均大大超过渥堆熟茶，而且由存量大的原因到时老茶价位也不会太高，到时作为享受品饮的普洱茶还会是渥堆熟茶吗？将来的渥堆熟茶可能只会作为保健品的原料、茶粉的原料、药品的原料而存在。

渥堆熟茶在制作时有所谓六成熟、七成熟、八成熟之说，其实就是发酵程度，也就是内含物质的释放程度。一般而言，发酵程度低内含物保存较多的茶发酵味会比较重，需存放几年时间才会好喝，但同时由于尚有较多内含物质因而变化空间会更大，变化后的茶会有一定的香甜滑感。而发酵程度高的茶由于内含物释放过多，发酵成后不需存多久发酵味就会退去，但变化空间也变小，饮之香甜滑感不佳。

发酵重叶底

要鉴别一款渥堆熟茶的发酵程度一是闻气味，闻闻看发酵味重不重，重一般是发酵度轻。二是品滋味，发酵度轻的茶汤中有较明显的苦涩，有的还会酸。三是看叶底，发酵轻的茶叶底的条索会比较成形，而发酵重的茶叶底会很烂，条索不成形。

乔木纯料渥堆熟茶

由于熟茶发酵工艺技术含量较高，同时原料也影响发酵后的口感滋味和香气，因此仅鉴别发酵程度是不行的，发酵轻的茶不一定会留成好茶。一般而言好的渥堆熟茶应该是汤中有香，甜滑感好，饮后有少许回甘，如果饮之汤薄饮后口腔咽喉出现干苦燥就不好。这里说的苦不是汤中有苦而是饮后有苦。

用台地茶发酵熟茶一般都要拼配，要用不同茶区的茶拼配发酵以求得到更好的口感风味。

在渥堆熟茶中有极少数用乔木老树茶发酵的。乔木老树茶由于其内含物质更丰富因此制成熟茶后香气和甜滑感都明显优于用台地茶发酵的。乔木老树茶制成发酵茶的特征是香气、甜滑感较好，发酵味转化比台地茶要快，叶底条索较成形，会保持一定弹性韧性。发酵程度轻的乔木老树茶其叶底看上去会像老生茶栗红而完整，虽用手捻之还是会烂但会保持较好弹性。虽然有用乔木老树茶发酵的产品，但实在是少之又少，市场上在包装纸上写上用某某茶区乔木老树茶发酵的茶绝大多数都是假的。这种茶是可遇不可求。

（十四）普洱茶衍生品

1. 茶膏

茶膏在缺医少药的古代更多的不是作为饮品而是作为一种药来使用的。茶膏的功用、形状、变化等与普洱茶有别，因此把茶膏称为普洱茶衍生品比较合适。在医药已很发达方便的现代社会，茶膏药用价值有所下降，但由于茶膏使用不会像药物有副作用，因而也还有使用价值。作为药用对咽喉疼和口腔溃疡效果较好，咽干咽疼的用法是睡前将半个小指甲大的一片茶膏放入口中用舌头抵在上腭让其缓缓融化，将其液咽下，一般几小时才会化完，茶膏有抑制细菌活动的作用，连续作用几个小时后咽干咽疼会治愈或缓解。口腔溃疡的治疗也是同样原理，将一小片茶膏睡前置于溃疡面让其作用至天亮可以抑制细菌并收敛溃疡口，白天由于要动嘴多，融化快，效果不如晚上。按照古籍所记，茶膏还有醒酒和消食化痰功效。

石磊老师用改进过的传统技法熬制的老树茶生茶膏和熟茶膏。（汤色透亮，无悬浮物）

茶膏的制作用传统工艺耗费时间精力较多，其法将茶叶放入锅中熬煮，到茶汁煮出后将茶汤过滤出来，之后先用大锅后换中锅、小锅熬煮至膏状时倒出晾干。由于茶叶中的胶质作用，茶膏熬到一定浓度时就极容易粘锅，也就很容易煳，因此传统熬法到换小锅后需用炭火慢慢烘，锅要离炭火比较远，这个过程要用几天，在整个熬制过程中都要有人不停搅动茶膏不让其粘锅。一般情况6斤茶叶可制成1斤茶膏。由于传统制法难度在于防粘锅后变糊，用现代的有不粘锅涂层的电饭锅用来熬制茶膏就变得十分简单了，使用电饭锅由于有自动控温装置，只要熬制时不停搅动就可以，熬干一电饭锅茶汁一般只需三个小时左右，熬成膏状后刮出在无味环保塑料布上让其晾干就制成了，晾时尽量摊薄，因其黏性大晾干时间会比较长。如果作为商品制作用大的电饭锅一天一只锅可熬茶膏超过一千克。这种制法任何人都可以在家中自制。如用渥堆熟茶熬茶膏则比生茶更容易，因为熟茶的胶质少，黏性更小，但出膏率会更小些，一般7斤可制1斤。

2. 茶粉

茶粉包括用茶叶粉碎成粉状的制品和用熬出的茶汤干燥成粉的茶粉两类，每类都可用不同茶品种制作，目前市场上最为流行的茶粉是用渥堆熟茶的茶汁经现代工艺萃取的成品。这种茶粉的优点之一是冲泡方便快捷，特别适合现代人的生活快节奏。优点之二是具有很好的保健功能，其降脂、降糖功能明显，血脂高、血糖高是现代人的流行病，方便快捷且有很好保健功能的茶粉已经走进人们生活，将会被越来越多人认识和接受。茶粉由于其形状、冲泡方式、口感滋味与传统普洱茶有较大差别，将其列为普洱茶衍生品比较合适。茶粉的口感滋味受制造茶粉的渥堆熟茶的制约，渥堆熟茶的口感滋味与发酵工艺与原料有关，如果用口感滋味好的熟茶制茶粉，茶粉的口感滋味也必定是好的，如果熟茶有饮后干、苦、燥的不舒服感，用来制成茶粉后也会有干、苦、燥感。

3. 茶饮料

茶饮料属于软饮料，在软饮料市场上，长期以来一直是碳酸饮料占主导地位，其次是果汁饮料和矿泉水。90年代以来无糖饮品迅速崛起，成为饮料市场的新的生力军，其中茶饮料是无糖饮料的主要代表。中国茶饮料市场1993年起步，近年发展迅速，中国茶饮料以绿茶饮料和红茶饮料为主，乌龙茶、普洱茶饮料也开始加入茶饮料大家族中，茶饮料生产企业中康师傅、统一、麒麟、王老吉、三得利、雀巢等较有名，占有市场份额也较大。

茶饮料是以茶叶的萃取液、茶粉、浓缩液为主要原料加工而成的饮料，具有茶叶的独特风味，含有天然茶多酚、咖啡碱等茶叶有效成分，兼有营养、保健功效。

2008年宋聘号推出"滇皇"普洱茶饮料，之后云南映象等企业也相继推出普洱茶饮料。

4. 茶保健品

茶保健品主要分两类，一类是用茶叶与一些有保健功能的中草药拼配制成，用冲泡方式饮用，另一类是从茶叶中提取相关具有保健功能的成分制成相关保健品。

保健茶可以用绿茶、红茶、乌龙茶、普洱茶等与一味或数味中草药配成，比较流行的有绞股蓝茶、枸杞茶、灵芝茶、川芎茶、菊花茶等。保健茶先在西方流行，80年代曾在国内一度比较流行，当时以绞股蓝茶最多。目前国内以随州康汇保健品公司加工的品种最多。当然要说明的是保健茶中有一大半是用某某茶的名称但并不含有茶叶成分。

从茶叶中提取相关保健成分的应用方面，目前主要是茶多酚的提取和应用。茶多酚具有抗氧化、防龋齿、

抗肿瘤、防心血管疾病等功效。茶多酚提取物有直接制成片剂的，也有与其它药物配合使用的。由于茶多酚的组成还有很多，其不同成分的功能有别，因此将来随着对茶多酚的研究和更细的分离技术的发展，茶多酚提取物的保健功能会得到更多的开发。

5. 茶菜

以茶入菜是人们追求健康、追求新奇的结果。在少数民族的习俗中过去就有基诺族的凉拌茶和景颇族的腌茶做菜法。基诺族的凉拌茶是用茶的鲜嫩芽头，配以各种调料拌匀后成为一道凉菜。而景颇族的腌茶则是把鲜叶配上盐、辣椒等配料，经充分揉、拌后装入竹筒后腌制成一种腌菜食用。茶作为一种配料进入菜肴，进入宴席应该是八九十年代以后的事了。80年代台湾潘燕九曾设计过多种茶叶菜式，例如冻顶豆腐、龙井虾仁、茶香色拉、红茶辣子鸡丁、香片蒸鱼等。90年代初上海天天旺茶宴馆在上海推出全宴席茶菜。进入21世纪茶菜变得比较普及，在全国很多地方都出现茶菜馆或茶宴席，以茶入菜时，小叶种绿茶和红茶因苦涩不重较容易配菜，大叶种的普洱茶的生茶因其苦涩较突显而较难入菜，因此多用渥堆熟茶入菜。2005年云南科技出版社出版了《经典普洱茶菜》一书介绍了多种普洱茶入菜的方法和菜谱。另外各种茶点心、茶面也不断推出。

九、古茶山老树茶品鉴

易武茶品鉴

　　要讲清易武茶山，要先讲清楚六大茶山。按照《本草纲目拾遗》《滇海虞衡志》等书所记，六大茶山是：攸乐、革登、倚邦、莽枝、蛮专、慢撒。据传说六大茶山种茶还与诸葛亮有关。《普洱府志·古迹》记："旧传武侯遍历六山，留铜锣于攸乐，置铜镴于莽枝，埋铁砖于蛮砖，遗木梆于倚邦，埋马镫于革登，置撒袋于曼撒，固以名其山。"诸葛亮到过六大茶山并留下茶种的说法当然只能是传说，但六大茶山已有上千年的种茶史是不争的事实。六大茶山之名到后来发生了变化，在阮福的《普洱茶记》中又出现了六大茶山的另一说法：倚邦、架布、嶍崆、蛮专、革登、易武。两者相对不难发现原来的攸乐、莽枝、曼撒没有了，换成了架布、嶍崆、易武。为什么会发生这种变化呢？最主要原因应该是六大茶山的分布与结构造成的。六大茶山是一片相互连接的茶区，这一带山峦起伏，有无数的山峰、山梁、山包，在很多山包上、山梁上、山峰上都有茶园，六大茶山的名称只是选取了这大片茶区的六个有代表性的茶山来称呼、来涵盖周围的一片茶区。例如倚邦茶区就包含了倚邦、曼松、曼拱、嶍崆、架布、麻栗树等自然村和茶山，面积达 360 平方千米。蛮专茶区包含了蛮专（曼庄）、曼林、曼迁、八总寨等茶区。由于具体的茶山、茶园太多，加之茶区内民族冲突、械斗时有发生，各茶山的地位、产量、名气也会有所变化，加之过去由于交通不便很多写书的人并没有到过六大茶山，所记录的也常常是听闻，因此六大茶山的具体名称发生变化也是正常的。在六大茶山的名称演变中，易武取代曼撒很正常，因为易武是易武土司所在地，辖区包含了曼撒茶区。尤其是现在曼撒茶区的老茶树被挖掉种粮的很多，产量大量减少。架布、嶍崆取代攸乐、莽枝则不合理，因为架布、嶍崆属于倚邦茶区，列有倚邦就不该再列架布、嶍崆，攸乐、莽枝是重要茶区不该取消。

按现在的行政区划，攸乐山属景洪市基诺乡。易武山（含曼撒）属勐腊县易武乡。蛮专、倚邦、革登、莽枝属象明乡。但在自然分布上六大茶山是基本相连的，处在同一区域。古代这大片茶区还包括清末割给法国的勐乌、乌得。现在老挝北部靠近易武山的地方仍有古茶园。

从各茶山的实际茶园分布看，叫六大茶区更为准确。

由于历史原因莽枝、革登古茶园荒芜、毁坏较严重，产量在逐渐恢复中。

易武位于勐腊县城北方，距勐腊县城110千米。进易武的汽车路从勐醒分岔，已铺成柏油路，勐醒至易武32千米。易武年平均气温17.2℃，年平均降水量1500~1900毫米。

易武一带最早是古濮人种植茶树，明末清初以后，随着六大茶山名声越来越大，尤其是列为贡茶后，内地人大量迁入六大茶山，包括四川人、石屏人等，他们或种茶、或经营茶叶生意，现在易武、倚邦一带还有大量石屏人的后裔在种茶或经营茶生意，他们乡音不改。麻黑村63户几乎都是石屏后裔，进入麻黑就像到了石屏。

据村主任何天强讲他家迁居麻黑已有七代。1920 年麻黑村的张正鸿先生创建了鸿庆号茶庄。到清光绪年间易武产茶已超过 200 吨。1930 年至 1949 年易武曾作为镇越县政府所在地。一系列在普洱茶历史上著名茶庄在易武出现，如同庆号、同兴号、同昌号、安乐号、乾利贞号、鸿庆号等。

1937 年抗日战争开始至 1949 年新中国成立，由于战乱，茶叶生产和经营受到重大打击，大量茶园荒芜，人口外迁，茶庄停业。新中国成立后实施计划经济，茶叶列为统购统销产品，茶庄全部停业，古茶园有的改作了农田、粮地，剩余的主要供勐海茶厂作原料。1979 年在元阳召开全省密植速成高产学术研讨会，1980 年又在昌宁召开全省低产茶园改造会，开始在全省大规模推广"改土、改树、改园"的茶园改造运动，在这个运动中易武古茶园被大量改造矮化。现在的易武茶区内茶园分成三种类型：一是少量保存下来的没矮化的乔木型茶园。二是被矮化的老树茶园，这部分量最大。三是新开辟的台地茶园。由于矮化的老树茶园多数生长在林中，因此还能保持较好的山野气韵。

易武茶区包含整个易武乡的产茶区，也包含着过去的慢撒茶山。易武茶区现在老树茶比较多的有易武、麻黑、落水洞、刮风寨、老丁家寨、曼秀等地。由于茶地分到各家各户，因此要对茶叶产量做出很准确的统计是不可能的，比较公认的说法是易武每年老树茶产量在 60~70 吨。当然随着茶价上升，茶农对茶园管理投入增多，产量已在逐年上升。

90 年代以来随着普洱茶升温，易武茶因其历史名望和茶质好而受广泛追捧，造成严重供需矛盾，于是打着各种名号的易武茶大量充斥市场，这其中有用易武台地茶充老树茶的，有用外地茶充易武茶的。

易武老树茶是标准的大叶种茶，具有条索黑亮、较长、泡条，汤色金黄，苦涩较轻、香气较好，汤中带甜，汤质较滑厚、回甘较好、陈化较快等特点，由于矮化和长于山林的特点，山野气韵不同寨子的有所区别。目前冒充易武老树茶的茶叶中，一种是易武台地茶，口感相似但苦涩明显重于老树茶，甜滑感不如老树茶，且条索较老树茶细短。一种是小景谷老树茶，条索相似但苦涩重于易武老树茶，且甜感不如。一种是江城老树茶，口感滋味很像易武老树茶，苦涩轻、汤中带甜、回甘较好，但条索更黑，而且汤质滑厚不如易武。

茶样：2006 年易武老树散茶

工序：晒青生茶

条索：黑亮、较长、泡条★★★

山野气韵：较强★★★★

茶香：有山韵、纯正、杯底香较好★★★

滋味：甜显、苦涩弱★★★★★

喉韵：回甘好、甜滑顺★★★★★

汤色：金黄、清亮★★★★★

叶底：黄绿、匀★★★★★

蛮专茶品鉴

蛮专茶区位于象明乡南部，易武西面。古蛮专茶区面积约300平方千米，清代这里有茶园约2万亩。按照传说蛮专是因当年诸葛亮在此埋下铁砖而得名，因此蛮专也写作"蛮砖"。在现在的地图上，蛮专写作"曼庄"。其实是少数民族语的译音。蛮专茶区包括曼庄、曼林、曼迁、八总寨一带。

蛮专种茶历史悠久,在曼林古茶园中还保留着基部干径105厘米,高3.9米的古茶树。蛮专的茶在清代已有较高评价,《本草纲目拾遗》和《滇海虞衡志》中都提到六大茶山的茶"以倚邦、蛮专者味较胜"。历史上蛮专茶主要卖给易武茶号加工。

目前蛮专茶区是六大茶山中老茶树保存较好的茶区之一。一是老茶园茶树保留较多,不少老茶园的茶树密度可以达到相距1~2米就有一株的密度。二是生态环境较好,很多老茶园都处于山间林下。三是蛮专茶区的茶树没经过矮化改造,保持着乔木型特征。四是采摘还不过度,枝叶茂盛,长势良好。但也开始出现一些不好的势头,例如茶农为增加产量开始砍伐茶园的树木以增加光照,这会对将来茶质产生不利影响。

蛮专老树茶的特征是:条索黑亮、粗长、泡条,汤色黄绿,叶底黄绿,苦涩较轻,相似易武,汤中带甜,回甘快而且较久,汤质饱满、厚滑,茶树生于山林、环境好,山野气韵较强,杯底留香持久。

茶样:2008年曼庄老树茶

工序:晒青生茶

条索:黑亮、粗长、泡条★★★

山野气韵:强、显★★★★★

茶香:山韵显、纯正、杯底香较显★★★★

滋味:苦涩弱、甜显★★★★★

喉韵:回甘好、滑顺★★★★★

汤色:黄绿、清亮★★★★

叶底:黄绿、较匀★★★★

革登茶品鉴

革登茶山是著名的古六大茶山之一，也是历史上因战乱等原因人为破坏严重的古茶山之一。在《普洱府志》中记："其治革登山，有茶王树，较众茶树独高大，土人常采茶时，先具酒礼祭于此"。茶王树早已死去，但历史上的革登山一年产茶有500担之多。

革登等茶山的衰落一是杜文秀起

义军攻占普洱的影响，二是曹氏家族结束对五大茶山统治的影响，三是攸乐起义军攻占倚邦的影响，四是1956年后茶叶统购销后交通不便使茶山无人收茶的影响。当普洱茶重新兴旺后，人们重回大山，清去灌木，零落的古茶树仍分布在许多山林之中，见证着当年的繁盛。在当年普洱茶兴盛时代，有大批的四川人迁居到革登、莽枝茶区，至今他们的后人还在，讲着一种不同于当地的也不同四川音的方言，他们当年带来的小叶种茶籽种植的茶树也继续在大山中生长。

　　革登茶区位于莽枝茶区与倚邦茶区之间，历史上的革登茶区与莽枝茶区本就交错在一起，现在随着行政区划的改变就更难划分了。现在革登、莽枝茶区主要分布在勐腊县象明乡安乐村辖区内，安乐村委会下辖安乐、秧林、红土坡、曼丫、董家寨、石良子、新发、值蚌、新酒房、白花林、牛滚塘一队、牛滚塘二队等14个自然村，共有322户。现存的革登古茶主要分布在值蚌、新发，莽枝古茶主要分布在秧林。

　　安乐村委员会地处秧林村前的一道山梁上，过去叫牛滚塘。

　　目前革登茶区古茶树最多是在值蚌村，茶园旁原来的寨子已外迁一千米左右，由于茶树多年来已淹没在密林中，生长缓慢，现在清理出来，其高大程度一点不像有几百年的茶树。茶树成乔木状生长，树高多在2米以上，干径多在10厘米以上，大小叶种混生。

　　值蚌村位于北纬22°05′东经101°11′，海拔1311米，土壤以红壤为主。

　　革登茶的特征是：条索黑亮但不够紧结，属泡条系列，汤色金黄明亮，叶底黄绿匀齐，山野气强，杯底香好，苦涩不显，苦显于涩，苦中带甜，涩短，回甘较好，汤饱满滑顺。

茶样：2009 年革登散茶

工序：晒青生茶

条索：黑亮但不够紧结★★★

山野气韵：较强★★★★★

茶香：山韵显，杯底香较强较好★★★★

滋味：苦涩不显，涩短，回甘快，
　　　汤中带甜★★★★★

喉韵：回甘较好，滑甜★★★★★

汤色：金黄、明亮★★★★★

叶底：黄绿、匀齐★★★★

莽枝茶品鉴

　　莽枝茶山是著名的古六大茶山之一，它与革登等许多古茶山一样从 19 世纪中期以后遭到多次人为原因的破坏，导致历史上著名的六大茶山之一的莽枝茶山现在按照产量只能列为一个小茶山了。

　　莽枝茶山与革登茶山相似，位于革登茶山的西南面，在历史上是分开的两个茶山，现在同隶属于象明乡安乐村委会。

莽枝古茶山现在古茶树保存最多是在安乐村委会所辖的秧林村，距安乐村委会所在地仅有一公里多距离，两地基本处于同一海拔上。古茶树主要分布在村子旁的山坡林地中，遗憾的是当地村民为了增加光照以增加茶产量砍了不少古茶林中的大树，这势必对莽枝古茶的品质造成直接的影响，会导致茶气、茶香及山野气韵的下降。2010 年再次进山时，仍可见用剥去茶树林中大树的皮让其死亡后砍除的做法仍然存在。这种状况在多个古茶山中都存在。因此有人说：古茶年年都在发、都在生产，何必一定要今年的。这种说法有片面性，近些年很多古茶山由于生态环境的破坏、采撷量过大等原因，古茶品质明显呈下降趋势，茶气、茶香、山野气韵下降很明显。

　　秧林位于北纬 22° 05′，东经 101° 12′，海拔 1382 米。秧林土壤基土为风化石堆积沙石土。

　　莽枝茶的特征是：条索黑亮，属泡条，汤色金黄明亮，叶底黄绿匀齐，山野气较强，杯底香较好，苦涩不显，苦又略显于涩，涩短，回甘快且较好，汤中带甜，汤质较饱满，较滑顺。与革登茶很相似，茶气略逊一小点。

茶样：2009年莽枝散茶

工序：晒青生茶

条索：黑亮，较粗长，泡条★★★

山野气韵：较强★★★★

茶香：有山韵，纯正，杯底香较显★★★★

滋味：苦涩不显，涩短，回甘快，汤中带甜★★★★★

喉韵：回甘好，甜滑★★★★★

汤色：金黄、明亮★★★★★

叶底：黄绿、匀齐★★★★

攸乐茶品鉴

攸乐山现名基诺山，位于景洪市的基诺乡，是古代著名的六大茶山之一，基诺山东西长 75 千米，南北宽 50 千米，海拔 575~1691 米，平均气温 18~20℃，年降水量平均 1400 毫米，土壤以酸性红壤为主，是适于种茶的地区。攸乐山一千多年前就开始种茶。据传说基诺族是诸葛亮军人的后裔，传说诸葛亮征南中时到六大茶山，有一部分士兵因睡着而掉队，被大部队"丢落"。后虽赶上部队，但诸葛亮不再要他们，要他们在当地定居，赐给茶籽，并教他们仿诸葛亮帽子建屋居住。清朝时攸乐山是很重要的一座茶山，由于地位重要，清政府曾在雍正七年（1729 年）设过攸乐同知，隶属普洱府。历史上攸乐山曾有年产茶叶 2000 多担的记录。民国以后由于战乱等原因产量下降。

现在的攸乐古茶园主要在亚诺村为中心向四周散射，以龙帕山最为集中。另外司土老寨、么卓、巴飘也有老茶树分布，古茶园海拔 1200~1500 米，

面积约 3000 亩，很多是几百年古茶树。茶种基本是大叶种，偶有小叶种杂之。历史上攸乐山不制作紧压茶，晒青茶毛料主要提供给倚邦、易武、景洪等地去加工。历史上著名的"可以兴"茶砖据说就是用攸乐茶制作的。

攸乐山的基诺族有悠久的制茶历史。现在还保留着制作火烧茶的特殊工艺：把茶的鲜叶用一种称为"冬叶"的植物叶子包起来放到火炭上烧烤，当外面的"冬叶"烤干后把里面的茶取出，可以现煮饮用，也可以揉后晒干留着饮用。

攸乐老树茶的特征：条索黑亮，比易武要紧结，苦涩比易武要重，回甘较好，汤质较滑厚，有山野气韵。

茶样：2006年攸乐老树散茶

工序：晒青生茶

条索：黑亮，尚紧结★★★

山野气韵：较强★★★★

茶香：山韵较显、纯正、杯底香较好★★★

滋味：苦涩稍显★★★

喉韵：回甘、较滑顺★★★

汤色：黄绿、清亮★★★★

叶底：黄绿、匀齐★★★★

倚邦茶品鉴

　　倚邦位于勐腊县北部，属象明乡管辖，是一个古茶区。古倚邦茶区内有 19 个自然村，面积 360 平方千米。古倚邦茶区海拔差异大，最高点山神庙 1950 米，最低点磨者河与小黑江交汇处只有 565 米。

　　倚邦茶区产茶著名的地方有倚邦、曼松、嶍崆、架布、曼拱等。茶区种茶历史悠久，在曼拱古茶园中还保留着基部径围 1.2 米，高 6 米，树龄 500 年左右的古茶树。倚邦茶区内有大叶种茶和小叶种茶，倚邦的小叶种茶有说法是明末清初由四川人带来的，小叶种不像大叶种那样苦涩浓烈，在六大茶山区种植后既保留了小叶种传统的香甜柔和，又增加云南茶区的山野气韵，倚邦小叶种茶一到清宫内，自然被皇室所看中，定为贡茶，大小叶种混生的曼松茶成了六大茶山中地位最尊，价格最高的茶。

倚邦街

土司衙门石柱脚

要讲倚邦茶的历史一定要讲到曹当斋和曹氏家族。曹当斋的祖父曹大洲是四川人，清康熙初年从四川到倚邦经营茶叶，被倚邦少数民族头人看中招为女婿，头人无儿子，死后曹大洲继承了头人职位。头人职位传到曹当斋时，正遇上清政府在云南南部推行改土归流，改土归流曾遭到土司的反对，引发叛乱，曹当斋支持清军平叛立下功劳。清雍正七年清政府把江北6版纳从曹当斋被封为倚莽枝、蛮专、革把总管理。清雍由倚邦土千总曹于土司职位是可经营管理五大茶

车里宣慰司划出归普洱府管辖。邦土千总，负责管理攸乐、倚邦、登五大茶区，易武茶区归易武土正十三年云贵总督下令普洱贡茶当斋采办，易武土把总协办。由以世袭的，此后曹氏家族就一直山近200年。六大茶山茶成贡品后，越来越多的人迁入六大茶山区种茶、制茶、卖茶。作为倚邦土司所在地的倚邦很快繁荣起来，兴盛时倚邦街上有关帝庙、石屏会馆、四川会馆、楚雄会馆等，还有曹家大院，还有鸿昌、庆丰和、庆丰益、元昌等著名茶号。倚邦正街东西向，长达250米，宽12~16米。正街东头通向东北方向是石屏街，东南向是曼松街。正街西头分别是通往普文、思茅和易武、景洪的茶马古道。

到了19世纪中后期，六大茶山开始衰落，先是发生云南各族反清起义，其中杜文秀军打到普洱，这次起义用了多年才平息，这期间茶叶内销通道基本中断。后来法国人又侵占印度支那地区，禁云南茶，六大茶山外销也受阻，茶农开始外迁，茶号开始改行或外迁。同时倚邦土千总曹瞻被暗杀，其子曹清民又在民国初与普洱道尹徐为光发生矛盾，引发军事冲突，曹清民败逃乌德。曹氏结束了对茶山统治。曹氏的衰败对五大茶山衰败是

有直接影响的。这期间易武得以取代倚邦成为六大茶山的中心。1937年到1949年间，由于战乱，加之疫病流行六大茶山进一步衰落，更多茶农外迁，茶号歇业。1942年攸乐起义，起义军攻入倚邦，倚邦在一场烧了三天三夜的大火中几乎全毁。新中国成立后，茶叶统购统销，六大茶山只生产原料，不少茶山开始改为种粮，很多古茶树被挖或被火烧死。著名的贡茶之山曼松仅剩老茶树一二百棵且以融入莽林中。现在古茶树还保留较多的是麻栗树、倚邦、曼拱等地。

麻栗树村位于倚邦西面，在象明至倚邦大路22千米处向左岔入2千米。全村25户，全是彝族，有的住户是外迁后因茶价好又迁回来的。村子周围有古茶树约一百多亩，每年产春茶1500千克左右，雨水茶、谷花茶1500千克左右。所产茶有专人订购一部分，自销一部分。茶树是小叶种大叶种混生。茶树没有矮化过，全部成乔木状生长，最大茶树离村子约半公里，树干基部直径超过30厘米，在这片茶园里，干径在10至20厘米，高度超过3米的大茶树有好多棵。麻栗树村没有台地茶，茶树基本长在林中。为保护茶叶品质村里定有罚款规定：凡从外面带茶进村卖的村民要罚款。

麻栗树属于倚邦茶区茶树保存较多，生态较好的茶区之一，这里种茶历史也很久远。村主任叶自明家居住在麻栗树已有6代。

曼拱也是倚邦茶区老茶树保留较多的茶区，曼拱及周围村子还保留下很多老茶园。很多茶树生长在林中，生态环境很好，而且没经过矮化，都成乔木状生长。在曼拱茶区茶树生长最好的在称为大树林的山上。

大树林也叫大黑树林，距曼拱约4千米，不通汽车，大树林是一个名副其实的地方，这里比曼拱要高出100~200米，有很多几个人才能合抱的大树，森林覆盖率高，茶树生长于林中。大树林现只居住着两户人家，是兄弟俩，他们的母亲曹慧英是倚邦土司曹氏的后人，距他们的住房一百多米处就是历史上著名的茶马古道，曹氏家族的这一支系已有8代定居此地就是为傍着茶马古道守着周围的古茶林。由于位置的特殊，在茶马古道繁忙的年代这里几乎每天人来人往，住宿的、吃饭的、喝水的过往茶商很多。曹慧英老人已经80多岁，每天喜喝酽茶，耳聪目明，思路清晰，谈起茶马古道如数家珍，还能唱山歌。在家旁有一座曹慧英曾祖父曹庆贵的墓，墓建于光绪壬寅年。曹庆贵的封号是"皇清敕授武

略骑尉"。

　　大树林属于曼拱村二队，这里约有古茶园 80 多亩，茶园中小叶种占相当比例。在大茶树最集中的地方，在约一亩地的范围内长着干径在 20 厘米左右的大茶树数十株。由于大树林生态环境好，有茶商用高于曼拱的价格订收大树林的茶。

　　倚邦茶的特征是：倚邦是小叶种为主，芽头较小，条索黑亮较短细，汤色黄绿，叶底黄绿，苦淡，苦中带甜，涩显于苦，汤质饱满；回甘快且较长久，香气显，由于长于山野，环境好，山野气韵好，怀底留香。

倚邦大叶种和小叶种

茶样：2006 年倚邦大树林散茶

工序：晒青生茶

条索：黑亮较短细 ★★★★

山野气韵：较强 ★★★★

茶香：山韵较显、纯正、杯底香较强 ★★★★

滋味：甜显、苦淡、涩显于苦 ★★★★★

喉韵：回甘好、甜滑 ★★★★

汤色：黄绿、清亮 ★★★★

叶底：黄绿、匀齐 ★★★★★

曼松茶品鉴

曼松茶的火爆应该源于《版纳文史资料选辑》4 的介绍"倚邦本地茶叶以曼松茶味最好，有吃曼松看倚邦之说"。"皇帝指定五大茶山中的曼松茶叶为贡茶，其他寨茶叶概不要"。这一说法的可信度不去讨论，但"皇帝指定五大茶山中的曼松茶叶为贡茶"这句话就很厉害了，看到这句话的人第一印象就是要找点曼松茶来品一品到底有多好，也过过皇帝贡茶之瘾。而加剧曼松茶火爆的另一个原因就是曼松茶已几乎没什么产量，极难得到。曼松茶品质口感为什么好？一般解释是"曼松茶是小叶种所以香甜好，苦涩不显"。

曼松的实际状况怎么样呢？

曼松隶属勐腊县象明乡，位于象明乡政府所在地大河边东北方，直线距离 10 千米，从倚邦看，处于倚邦东南方，直线距离也是约 10 千米，位于北纬 22°08′，东经 101°23′，海拔 1340 米。在2010 年以前从象明或倚邦去曼松都没有汽车路，只能乘摩托车或走路，山路超过 15 千米。

新中国成立后 1956 年完成三大改造，取消私营茶庄，实行计划经济后，只有勐海茶厂生产少量普洱茶，远离勐海的很多古茶园不再收购茶叶，过去靠茶维生的茶农无处卖茶只好砍去茶树改种粮食，在地边埂上留少量茶树自采自饮。曼松古茶遭到了一次不得已的破坏。曼松寨地处接近山顶的大山之上，无平地，缺水源，茶既然没有收入，种粮也收获甚微，曼松百姓生活艰难，于是在政府帮助下，在 1984 年前后曼松全寨外迁，大部分村民迁到了距原曼松寨近两小时山路的山脚小河边曼松新寨居住。20 年后当普洱茶重新炒热，曼松茶又被人们重新追捧时，曼松茶园已经淹没于林木草丛之中。20 多年后，曼松居民根据脑海中的映像重新步行近两小时山路回到原来的茶园，在已经被树林和杂草淹没中重新找到零散的茶树，再零散的采集一些曼松茶回去加工，一个人每次用 5~6 个小时采回去制成的干毛茶常常只有几十克。这就是近几年的曼松茶产量。一年干毛茶估计只有几十千克。2010 年以后呢？现在一家公司已租下曼松及周围数千亩山林开始开辟新茶园，新公路已开到古老的曼松茶山，新茶园采取

清灌木、清杂草，清一部分树木，保留部分树木后种植新茶方式开发，开发之后原来曼松古茶区将全部融入新茶园中，数年之后，冠以"曼松茶"之名的普洱茶会数以吨计的出现在市场上。

真实场景：

2010 年 4 月某一天，晚七点左右，象明乡大河边一饭馆内，有四张桌子有客人吃饭，都是外地茶商或爱茶之人，其中有两张桌子上是当地人接待外地茶商，几杯酒下肚后，两张桌子上的当地人几乎都在赌咒式的表态"一定帮你搞到曼松茶"，而外地客商也同样在表态"只要搞得到多少钱都不管"。这就是曼松茶。2009 年是 800 元一千克，2010 年 1800 元一千克。它成了一种可遇不可求的象征物而不再是一种商品。

过去一直说曼松以小叶种为主而苦涩淡、甜香好，其实曼松是大小叶混生，大叶为主，其比例情况与倚邦其他茶区大体相似。老曼松村在 80 年代初因缺水和耕地搬迁到新曼松村。到 90 年代随着普洱茶开如升温，曼松村民开始从原来茶园移茶树到新曼松村种植，移植中发现大叶种难移活，小叶种成活率更高，于是大量改移植小叶种，移植的结果曼松古茶园仅保留下三百多株古茶树，基本是大叶种，而且大多数是过去砍过后从老树桩上发枝的老茶树。

但曼松茶有一个明显特点是有相当比例茶树叶片比较绿、比较厚。

曼松土壤基土为紫红羊矸石土。

曼松茶特征：条索紧结黑亮，汤色淡金黄，叶底黄绿匀齐，山野气强，杯底留香较好，苦涩不显，汤中带甜，涩短，回甘较快较好，汤质尚饱满甜滑，耐泡度较好。

茶样：2009 曼松散茶

工序：晒青生茶

条索：紧结黑亮★★★★

山野气韵：强★★★★

喉韵：回甘较好，滑顺★★★★

茶香：山韵显、纯正、杯底香较强★★★★

滋味：苦涩不显，涩短、回甘快★★★★★

汤色：淡金黄、明亮★★★★

叶底：黄绿、匀齐★★★★

老班章与新班章茶品鉴

布朗山乡位于勐海县城南方，从县城到乡政府所在地有91千米。布朗山乡是全国唯一的布朗族乡，西南接缅甸，面积1016平方千米。布朗族先民濮人是公认的最先种茶的民族，布朗山乡及附近区域是老茶园分布较多的地区，由于受土壤、气候、海拔、生态等多种因素的综合影响，这个区域的茶叶茶气足、茶质好名气也大。著名的老班章、新班章、老曼娥都分布在这个区域，在布朗山乡的东面就是景洪县著名的勐宋茶区。

布朗山乡的老树茶分布较广，很多村寨都有老茶树，专门有茶厂、茶商生产称为"布朗山"的老树茶。布朗山老茶树最集中的地方还是在班章村委会下辖的老班章、新班章、老曼娥三个村寨。这三个村寨老茶树数量占全乡老茶树的90%以上。

老班章

老班章在布朗山乡政府北面，是一个哈尼族村寨，乘车从勐海到打洛的公路行 10 多千米后到达勐混乡岔路口，从岔路口向东沿田坝中的车路行车 10 多千米后开始进入山区，再沿山路行约 30 来千米就到达老班章。老班章也叫下班章，有 114 户，460 人，海拔 1700 米，古茶园就分布在寨子周围和寨子中。在去老班章的路旁就有古茶园。茶园生态环境非常好，与森林共生，树龄古老，都是标准大叶种，茶树粗大年代久远。茶树龄和生长的野生环境决定着老班章的茶质好、茶气足、山野气韵强。老班章在普洱茶界被认为具有"茶王"的地位。2007 年老班章春茶卖到每千克 1000 元，之后普洱茶市全面下跌，但到了 2010 年老班章春茶又回到 2007 年的价格。

新班章也叫上班章，是哈尼族寨子，新班章寨是从老寨迁出建起来的。新班章距老班章 7 千米山路。新班章的老茶树主要分布在老寨周围，海拔 1600 米，与老班章一样：茶树粗大古老，与森林伴生，生态环境好，茶质好、茶气足、山野气韵强。新班章的老茶园已无居民。为防止外面茶叶流入，保证班章茶的质量和名声，新班章村民组织起来在路口值班检查进入人员，严禁外面茶叶进入。现在新班章寨子周围的茶园则是迁出后种的，已有 40 年树龄。

品鉴老班章茶可以通过以下几个步骤：

一、看条索外形。老班章是标准的大叶种茶，因此条索粗壮，芽头肥壮且多绒毛，很少有其他茶区的茶有如此肥壮的条索、芽头的。

新班章

二、嗅香气。老班章生态好、树龄长，有强烈的山野气韵，嗅散茶和茶饼有很突显的古树茶特有之香，香型似乎在兰花香与花蜜香之间。老班章的香气很强，在茶汤、叶底、杯底上都可以嗅到，而且杯底留香比一般古树茶更强更长久。

三、观汤色。3年内的老班章汤色金黄明亮，3年之后金黄开始向黄红转变。

四、品滋味。老班章茶在传闻中是苦涩强烈，这种认识比较片面，老班章饮之的确苦涩强烈，而且苦又比涩明显，但是老班章的苦是苦中带有甜的苦，并非只是单纯的苦，老班章因为苦中带有明显的甜因此是比较受用的苦。另外老班章的苦涩退化很快，一分钟左右就转而回甘，饮过老班章之后整个口腔和咽喉会感到甜而滑润，而且时间会很长，如果没有吃什么刺激性食物，这种甘润感会持续几个小时。

五、感悟茶气。老班章长于山野，树龄久远，故而老班章的茶气强，在饮时可以感觉到，而且饮后手、脚、头、背等会发热微汗，当然这种发热感因各人的身体感悟不同会有差别。

六、试耐泡度。老班章在正常投茶量的情况下可以冲泡十多道仍有香甜和回甘，且叶底也有老树茶特有香气，不会出树叶味。

七、看叶底。老班章叶底应该比较整齐，若非解饼时撬碎则应该叶、芽完整，而且叶、芽粗壮，三五年内的叶底黄绿色。

老班章春、夏、秋茶的外形基本相同，如果夏茶因干燥时天气不好闷着，就会外形和叶底稍有花杂。口感上夏、秋茶的苦涩明显低于春茶，但香甜和回甘则不输于春茶，因此喝老班章会觉得夏、秋茶更好喝。

目前市场上打着老班章名号的成品茶很多，由于老班章每年产量有限，纯正老班章大多在爱茶的藏家手中，因此可以进入市场柜台销售的纯真老班章是很少的。市场上做假的老班章大约有三种：一种是用老曼娥、新班章老树茶充当老班章。由于老曼娥、新班章茶外形、条索、口感很似老班章，因此鉴别也最为困难，老曼娥、新班章与老班章的主要区别是在苦涩的持久度上，老曼娥持久度最长，新班章次之。至于外形与香甜、回甘上的微小区别一般喝茶人较难区分。还要说明的是这里说的新班章茶是指新班章寨子搬迁出来前老寨的老树茶而不是现在新班章寨子旁的茶，这些茶树只有40年左右树龄。

第二种是用勐宋苦茶作基础，拼上其他茶制成。这种做法是利用了很多人对老班章只闻"苦"名而未品过其香甜甘润的原因而制作。这种茶的鉴别比较容易，从外形上看，条索不像老班章那么整齐粗壮，尤其没有老班章的粗壮多绒毛的芽头，饮之苦涩明显但汤中基本无甜感，苦涩较持久，香气不够强烈持久，回甘一般，叶底稍杂且不肥壮。

第三种是直接无章法乱拼制，随便拿些粗壮些的，苦味重的台地茶制作，这种"老班章"从外形、口感与老班章都有明显区别，很容易区分。

市场上还有一种老班章熟茶，如果见到了不必问不必说，哈哈一乐也就行了，如果还去问"这真是用老班章发酵的？"那就该别人笑你了，要知道老班章纯正生饼都难寻怎么会有人用老班章来做熟茶。

茶样：2007 年老班章散茶

工序：晒青生茶

条索：黑亮较紧结、芽头较肥壮多绒毛★★★★★

山野气韵：强★★★★★

茶香：山韵突显、纯正、杯底香强而久★★★★

滋味：苦涩重、苦化甘较快、甘显且持久、涩褪生津★★★★★

喉韵：回甘显且持久、滑顺★★★★★

汤色：金黄、清亮★★★★★

叶底：黄绿、匀★★★★

老曼娥茶品鉴

　　老曼娥隶属勐海县布朗山乡班章村委会管辖，老曼娥也写作老曼俄，是一个古老的布朗族寨子，建寨已有 1300 多年。布朗族古代称濮人，是最早驯化、栽培、制作茶的民族。

　　从新班章到老曼娥车路约 10 千米。老曼娥寨子建在大山的一个相对平洼处，有 143 户，700 多人，海拔 1200 米。茶树分布在寨子周围，茶树粗大古老，茶园中有很多大树，野生环境好，茶质好、茶气足、山野气韵强。

　　整个布朗山乡的茶叶由于同在一个茶区品质都很好，其中老班章茶的名气最大。其共同特征是：条索黑亮稍粗长，芽头肥大，茶味重，苦涩强，茶质好，汤质饱满，山野气韵强，饮后口中滑润感好、

回甘强且久。再一个特征就是转化速度快，存一年后的老班章，汤色就会转红，苦涩就会明显降低。

老曼娥与老班章比较，条索外观、茶香、茶气、苦涩度、茶汤、叶底很相似，主要区别在苦涩的持久度上，老班章苦涩虽重但退得快，老曼娥苦涩持续时间要长一些。

茶样：2007 年老曼娥散茶

工序：晒青生茶

条索：黑亮较紧结、芽头较肥壮★★★★★

山野气韵：强★★★★★

茶香：山韵突显、纯正、杯底香强★★★★

滋味：苦涩重、苦涩退化比老班章慢、回甘好★★★★

喉韵：回甘显且持久、滑顺★★★★

汤色：金黄、清亮★★★★★

叶底：黄绿、匀★★★★

南糯山茶品鉴

南糯山位于景洪到勐海的公路旁，距勐海县城 24 千米。在傣语里南糯是"笋酱"的意思。据传说有一年傣族土司到南糯山巡视，当地哈尼族头人设宴招待，席上的笋酱让土司吃得十分喜欢，于是要求哈尼族每年要进贡笋酱，南糯山因此而得名。

半坡寨茶王树

南糯山是江外茶山中十分重要的一座，种茶历史悠久。传说当年诸葛亮南征，路过南糯山时，士兵不服水土，生了眼病，诸葛亮将手杖插地化为茶树，士兵摘叶煮水，饮之病愈，南糯山因而也有人称为孔明山。诸葛亮征南中是没有到达滇南的，诸葛亮植茶只是一种愿望，一种传说。真正最早在南糯山种茶的是古濮人。后来哈尼族迁

老茶人确康

入又继续开发。从南糯山茶树种植、发展的历史看，大体可以分为五个阶段，第一段在上千年前古濮人最先在此种茶。第二段哈尼族迁入南糯山后种植发展。第三段是民国时期，1938年成立了"云南思普区茶叶试验场"在南糯山种植茶树，采用当时的现代化管理方法，种成台阶式，即台地茶种植。还从印度运来茶机设茶厂进行茶叶生产。第四段是新中国成立后在南糯山成立茶叶试验站，勐海茶厂在山上设初制所进行茶树种植和生产。第五段是80年代响应政府号召搞大规模茶园开发，这期间有不少古茶树被清除改植新茶或者矮化改造。现在南糯山是乔木老树茶、矮化老树茶、台地茶三种并存。南糯山被称为茶树王的栽培古茶树，基部径围达1.38米，树龄800多年，可惜在1994年死去。在茶树王旁2米左右的地方，现还存活着一株干径超过20厘米的大茶树，据说是茶树王的儿子。后来人们在半坡寨古茶园中新命名了一棵茶王树。

南糯山位于东经100°31′~100°39′，北纬21°53′~22°01′之间，平均海拔1400米，年降水量在1500~1750毫米之间，年平均气温16~18℃，十分适宜茶树生长。南糯山村委会辖30个自然村寨，居民均为哈尼族。茶园总面积有21600多亩，其中古茶园12000亩。古茶树主要分布在9个自然村，比较集中的是：竹林寨有茶园2900亩，古茶园1200亩。半坡寨有茶园4200亩，古茶园3700亩。姑娘寨有茶园3500亩，古茶园1500亩。南糯山古茶园由于分布较广不同片区的茶的口感滋味有一定区别。

南糯山茶的基本特征是：条索较长较紧结；一年的茶汤色金黄，明亮；汤质较饱满；苦弱回甘较快，涩味持续时间比苦长，有生津；香气不显；山野气韵较好。

确康的祖上是南糯山哈尼族头人之一，确康在1955年代表南糯山哈尼族参加云南省少数民族国庆观礼团到北京观礼，并将南糯山茶叶献给毛主席。确康老人工作后改名李初康，一直在勐海茶厂工作至1996年退休。

茶样：2006年南糯山老树散茶

工序：晒青生茶

条索：黑亮紧结★★★★

山野气韵：较强★★★★

茶香：山韵、纯正、杯底香较好★★★

滋味：苦弱、回甘稍快、稍长、涩能化

　　　而生津、稍长★★★★

喉韵：回甘稍长、较滑顺★★★

汤色：金黄、清亮★★★★★

叶底：黄绿、匀齐★★★★

贺开茶品鉴

贺开茶区位于勐海县勐混乡贺开村，从勐海沿着打洛方向的公路南行10多千米到勐混岔路口，右行是乡政府所在地，左行从田坝中的道路经10多千米后到达田坝边的贺开村，贺开村旁有一个从山中迁出的拉祜族寨子曼迈新寨，它与曼迈老寨同属一个村民小组管辖。从贺开村起山间车路进入山区。贺

开古茶园主要分布在贺开村民委员会下属的曼迈老寨、曼弄老寨、曼弄新寨三个村子周围。很多老茶树就生长在村民的房子旁边。古茶园距贺开村9千米。

曼迈老寨、曼弄新寨、曼弄老寨三个村子都是拉祜族，三个村子相距约1千米，在三个村子周围分布着大约7000亩老树茶园。这一带海拔在1400~1700米。

贺开茶区的茶树分布特点是：①成大片相

连，面积大。②植株密度大，很多茶树之间相距只有1~2米。③树龄长，绝大多数茶树都是干径在10~20厘米，有相当一部分超过20厘米，树高多数都在2米多，少数超过3米。④在茶树上有很多寄生植物，包括兰科植物，还有螃蟹脚。⑤茶园与村寨相连。⑥树木砍伐较严重，茶园中的大树所剩不多。

在曼弄新寨村子中央车路旁，有一棵大榕树，大榕树的怀抱中居然生长着一株老茶树，它成了曼弄新寨的一个标志也成为古茶山的一个奇观。

贺开茶区在西双版纳一般称为贺开山，在普洱则称为曼弄山。到版纳问曼弄山很多人不知道，在思茅问贺开山同样少有人知。

贺开茶区的村民已经有很好的品牌保护意识，在曼弄新寨中央立有一块木牌，写着：山上鲜叶禁止外流，山下茶叶禁止进山，违者一次罚款3000元。

贺开茶的特征是：条索黑亮紧结、稍长，汤色金黄明亮，稍苦涩，涩显于苦，苦化甘较快，涩稍长，汤质饱满，山野气韵较强，杯底香明显且较持久。

茶样：2006 年贺开老树茶

工序：晒青生茶

山野气韵：较强★★★★★

茶香：山韵较显、纯正、有兰香、杯底香较好★★★★

滋味：稍苦、回甘快且稍长、涩显于苦、稍长★★★★

喉韵：回甘较好、滑顺★★★★

汤色：金黄、清亮★★★★

叶底：黄绿、较匀★★★★

关双茶品鉴

关双位于勐海县西部，属勐满乡关双村民委员会。关双是一个布朗族山寨，山寨坐落在一座叫翁嘎秧大山的山坡平缓处。在山寨的东西两侧分布着两大片古茶园，茶园从寨子边一直延伸到山坡。

关双西南方就是缅甸，距国境线的直线距离不到10千米。关双古茶园距著名的景迈古茶山很近，隔着南览河冲出的深箐向北看，可以清楚看到景迈山。关双距景迈山的芒景村直线距离只有大约10千米，两地没有汽车路相连，两寨布朗族要走亲戚只有走山路或骑摩托车。

要到关双，从勐海出发进入勐满坝后向左转有山区毛路相连，行程有40多千米，道路崎岖，雨季汽车很难通行，旱季乘汽车走40多千米山路约需2小时。

关双种茶历史悠久，古茶园中大多数古茶树的基部干径都在10厘米以上，成乔木状生长。在东

坡茶园中，最大茶树的基部干径超过 30 厘米。在古茶园中生长着许多大树，生态环境较好。关双的海拔接近景迈山，生态、海拔、位置等因素决定了关双茶的茶质比较优良。

关双茶的特征是：条索稍粗长，色黑亮，汤色金黄明亮，苦能化甘，回甘较久，涩稍久，汤质饱满，醇厚，叶底黄绿，山野气韵较好，杯底香较持久。

茶样：2006 年关双老树散茶

工序：晒青生茶

条索：黑亮较紧结 ★★★

山野气韵：较强 ★★★★

茶香：山韵、纯正、较显、杯底香较好 ★★★★

滋味：苦能化甘、回甘稍长、涩稍长 ★★★★

喉韵：回甘较好、较滑顺 ★★★★

汤色：金黄、明亮 ★★★★★

叶底：黄绿、匀齐 ★★★★

娜卡茶品鉴

娜卡茶在大范围划分上属于勐海勐宋茶区，勐宋茶区的乔木老树茶以保塘的最粗大，以娜卡的最著名。历史上娜卡制作的竹筒茶就很有名，是上贡给傣族土司的贡品。

娜卡隶属于勐海县勐宋乡曼垒村委会，距乡政府所在地有 40 多千米，都是环山公路。娜卡村有 100 多户，500 多人，全是拉祜族。娜卡是译音，因此娜卡也写作那卡、腊卡、纳卡。

娜卡位于北纬 22° 11′，东经 100° 33′，海拔 1620 米。

娜卡古茶园主要分布在村后山坡上，森林环境虽有所破坏但还算比较好，古茶树面积有 300 多亩，茶树密度较大，呈乔木状生长，树高多超过 2 米，干径十多厘米。古茶园中大叶小叶种混生，小叶种占有一定比例。土壤主要是黄沙土。勐宋茶区由于茶比较有名，100 多年前就有汉人迁入经商，经营茶叶生意和种茶制茶。

娜卡茶的特征：条索紧结黑亮，

汤色金黄明亮，叶底黄绿匀齐，山野气较强，杯底留香较好，苦涩较显，苦又更突出，汤中带甜，回甘较快较好，汤较饱满，茶香纯正。

茶样：2010 年娜卡散茶

工序：晒青生茶

条索：紧结黑亮★★★★

山野气韵：较强★★★★

喉韵：回甘好★★★★

茶香：山韵、纯正、杯底香较好★★★★

滋味：苦涩较显，苦又显于涩，汤中有甜，回甘较快★★★

汤色：金黄、明亮★★★★

叶底：黄绿、匀齐★★★★

保塘茶园是普洱茶产区内的古茶园中生态环境
最好的古茶园之一，古茶园长于森林之中，这种生
态在所有古茶园中可以排在前 5 名里，而古茶园中
古茶树的粗大也可以排列前 5 名里。

保塘分保塘新寨、保塘旧寨，保塘旧寨是拉祜族，
历史上种茶为生，新中国成立后计划经济下茶叶统
购，保塘茶无人收购或少有收购，拉祜族不少外迁，
目前只有约 20 户，不到百人。人口减少缺乏劳动力
也是古茶园森林保存好的重要原因。保塘新寨主要
是汉族，一百多年前茶叶生产的兴盛吸引了汉人的
迁入。

保塘隶属勐海县勐宋乡坝檬村委会，距乡政府

保塘茶品鉴

所在地 10 多千米，位于北纬 22° 06′，东经 100° 32′，海拔 1760 米。土壤主要是黄沙土。

古茶树分布于村后山林中，茶树密度不大，多数自然生长，与森林灌木共生，缺乏必要管理和适当整理，因此单株的发芽率和产量受限。

保塘茶的特点是条索紧结、较黑亮，汤色金黄明亮，山野气强，干茶、杯底香强且持久，苦较突显，涩较长久，回甘稍慢，回甘一般。

茶样：2009 年保塘散茶

工序：晒青生茶

条索：紧结、较黑亮★★★★

喉韵：回甘一般，较滑顺★★★

山野气韵：强★★★★★

茶香：山韵显、纯正、杯底香强★★★★

滋味：苦显涩长、回甘稍慢★★★

汤色：金黄、明亮★★★★

叶底：黄绿、匀齐★★★★★

曼糯茶品鉴

　　曼糯古茶园应该是勐海县各古茶园中距县城最远的古茶园之一，也是勐海位置最靠北的古茶园，这里已经同普洱市的澜沧县、思茅区交界，距澜沧江直线距离只有 10 多千米。

　　曼糯隶属勐海县勐往乡勐往村委会，位于北纬 22° 24′，东经 100° 25′，海拔 1266 米。

　　曼糯村主要居民是布朗族，据说是数百年前从澜沧迁来的，这里历史上曾是勐海通往澜沧的古道，在茶业兴盛的古老年代，借助交通优势这里曾有过辉煌，村里建有佛寺，每到佛教庆典，四面八方都会来参与活动。新中国成立后实行计划经济，包括曼糯在内的许多古茶园的茶基本无路外销只能自饮，加之勐海通澜沧方向道路改道，造成曼糯发展的两大有利因素的消失，曼糯开始衰落，佛寺也因无力修缮而拆除。

　　曼糯古茶园分布村子周围，主要在村子南面的山坡上，古茶园给人的直观印象是苍凉。古茶园中

只有极少其它林木，绝大多数古茶树稀疏的生长在山坡草地上，古茶树高度多在 2 米以上，干径十多厘米，曼糯古茶园属于生态环境破坏比较严重的茶园之一。从茶树的粗大和茶园的分布看，过去的规模要大得多，生态也要更好。土壤主要是黄沙土。

曼糯茶特征：条索紧结较黑亮，汤色金黄明亮，叶底黄绿匀齐，山野气较强，杯底留香，茶香纯正，苦显涩长，汤中有甜，回甘稍慢但较好，汤尚饱满。

茶样：2010年曼糯散茶

工序：晒青生茶

条索：紧结较黑亮★★★★

山野气韵：较强★★★★

喉韵：回甘较好、涩长★★★

茶香：有山韵、纯正、杯底留香★★★

滋味：苦显涩长，回甘稍慢，汤中有甜★★★

汤色：金黄、明亮★★★★

叶底：黄绿、匀齐★★★★

巴达茶的出名并不是因为巴达茶区的乔木老树茶而是因为巴达野茶和勐海茶厂巴达现代茶基地。其实巴达有乔木老树茶，而且是品质非常好的乔木老树茶。巴达乔木老树茶少为外人所知应该与缺乏宣传和过去交通不便，少有人进入有关。

1962 年茶叶专家张顺高等人考察了巴达野生大茶树，在当时是发现的最大野生大茶树，有 1700 多年，为论证茶的原产地在中国提供重要证据，因而有重要地位。而勐海茶厂的巴达基地规模十分广大，是勐海县境内一个很具规模的现代台地茶基地。

巴达茶区乔木老树茶主要在章朗和曼迈。

在新的地方行政区划改革后，巴达乡已经撤销，原辖区已并入西定乡。所以现在章朗村已经隶属西定乡了。

章朗村位于北纬 21°54′，东经 100°07′，村子在海拔 1600 米以下，茶园在 1600 米以上的森林中。

章朗村是一个布朗族村，有280多户，人口已上千。章朗村及村后茶园森林茂密，生态环境非常好，询之村中老人缘由，说是因为当地的老佛爷（佛教高僧）不准随便砍树而保护得很好。章朗茶园的生态环境在所有古茶园中可以排在前3名。

章朗村位于大山的中下部，面向南，村后是分布有古茶树的山林，但遗憾的是山顶部分在计划经济年代被开发成了巴达现代茶基地的一部分。

章朗古茶树成乔木状生长，茶树与森林共生，在林中有很多茶籽落地后自然长出的小茶树。章朗茶由于没有找到存放有一定年份的纯料茶样作品鉴，多年存放后的品质可以达到多高尚不清楚，但以新茶来品鉴，其茶气、香气、口感滋味、回甘等已可以直追老班章。土壤主要是黄沙土。

章朗茶特征：条索紧结黑亮，汤色金黄明亮，叶底黄绿匀齐，山野气强，干茶与杯底香强烈且持久，苦涩较显，汤中带甜，回甘较快较好，汤较饱满滑顺，茶香纯正明显，茶气强烈。茶气茶香回甘已接近老班章。

茶样：2010年章朗散茶

工序：晒青生茶

条索：紧结黑亮★★★★

山野气韵：强★★★★★

喉韵：回甘好，滑顺★★★★

茶香：山韵突显，纯正，杯底香强★★★★★

滋味：苦涩较显，汤中带甜，回甘较快★★★★

汤色：金黄、明亮★★★★★

叶底：黄绿、匀齐★★★★

巴达曼迈茶品鉴

在西双版纳称曼迈的地点很多，贺开茶区就有曼迈。巴达曼迈古茶园是巴达茶区主要古茶园之一。

曼迈原属巴达乡，巴达乡并入西定乡后曼迈属于西定乡。曼迈村位于北纬21°49′，东经100°02′，寨子海拔1560米，茶园分布在村子周围，多数在村子后的山林中。基土为紫红羊矸石土。

曼迈有一百多户，是一个布朗族村寨，这里距边境很近，直线距离只有十多千米，村子里有不少人到缅甸、泰国经商、打工。

曼迈村子周围有部分新茶园，也有部分是老树低改的，大茶树主要在村后几百米的山上林中，生态环境比较好，茶

园与森林共生，基本没有清过杂树、灌木，老茶树成乔木状生长，树高多超两米，干径十多厘米。以大叶种为主，有少量小叶种。

巴达曼迈茶特征：条索紧结黑亮，汤色金黄明亮，叶底黄绿匀整，山野气强，杯底香强且较持久，苦涩较显，汤中带甜，回甘较快较好，汤较饱满滑顺，香气纯正明显，茶气较强。

茶样：2009 年曼迈散茶

工序：晒青生茶

条索：紧结黑亮 ★★★★

山野气韵：强 ★★★★★

喉韵：回甘较好，较滑顺 ★★★★

茶香：山韵显、纯正、杯底香强 ★★★★

滋味：苦涩较显，汤中带甜，回甘较快较好 ★★★★

汤色：金黄、明亮 ★★★★

叶底：黄绿、匀齐 ★★★★

勐宋甜茶、苦茶品鉴

西双版纳有两个有古茶园的勐宋，一个是勐海县的勐宋乡，分布有娜卡、保塘等古茶山，另一个在景洪的大勐龙乡，景洪的勐宋是村。

景洪勐宋村位于景洪市的最南端，是云南境内最靠南、纬度最低的古茶区。位于北纬21°29′，东线100°30′，海拔1581米。距乡政府35千米。

景洪勐宋茶区的古茶主要分布在大勐龙乡勐宋村委会所辖6个村民小组和大勐龙乡曼伞村委会所辖的老寨村等地。由于勐宋村南几公里就是缅甸，古茶树的分布延伸到缅甸，缅甸境内也有古茶园。勐宋6个村是爱尼人，老寨是布朗族。

勐宋茶最奇特就是苦茶、甜茶共生。

勐宋苦茶很有名，如果没亲身体验过的人，一定想象不到苦茶之苦，一般人在饮过前都会说：茶都是苦的呢，会有多苦。饮过就会知道什么是勐宋苦茶。勐宋苦茶之苦有三个特征：一是苦的强度高，不亚于老班章。二是苦中无甜，很多古茶比如老班章，虽然苦但是苦中带甜，饮之有韵味有感觉。但勐宋苦茶是寡苦，苦中无甜，像一些苦的中草药。三是苦长。苦茶饮后苦在舌根和咽喉，如果不吃什么东西去冲击它，饮后苦感会持续一个多小时。由于苦茶太苦且饮后不舒服，过去要分开，否则混入甜茶中甜茶会卖不掉，现在世道变了，苦茶价格近几年反而超过了甜茶，为什么？买去拼配其他茶后

充老班章了。由于真正饮过纯正老班章的人少，很多人只听说老班章很苦，这就给造假者一个机会，用勐宋苦茶拼配后充老班章。

勐宋苦茶还有一个奇特之处就是杀树和丁杀与甜杀外观无区别，不放到嘴里嚼一嚼当地茶农也分不出来。

苦茶主要分布在勐宋村委会所辖先锋村民小组，茶园分布于村旁山林，茶园中苦茶甜茶共生，外观没有区别，茶农采茶时靠两种方式区别，一是嚼，摘一点嚼一嚼就知道这棵是甜茶或苦茶。另一种方式是记，因为每家古茶树也就是那么一点，经常采后就可以记住那株苦、那株甜。买茶之人看干茶外形也无法分辨，只有靠嚼或泡饮来区分。

勐宋茶区都是大叶种。土壤主要是黄沙土。

勐宋茶特征：条索紧结黑亮，汤色金黄明亮，叶底黄绿匀齐，山野气韵强，杯底香强，汤质饱满。甜茶苦涩较显，苦又显于涩，苦在舌根，苦中带甜，涩短，回甘较好，其口感滋味与其他勐海茶区老树茶相似。苦茶则苦涩明显，苦重；苦在舌根，长久不化，苦中无甜。

茶样：2008 年勐宋甜茶、苦茶饼茶

工序：晒青生茶

条索：紧结黑亮★★★★

山野气韵：强★★★★★

喉韵：甜茶回甘较好、滑★★★
　　　苦茶苦长★

茶香：山韵、纯正、杯底香较好★★★

滋味：甜茶苦涩较显、苦中带甜，涩短，回甘较好★★★
　　　苦茶苦涩显，苦长难化，苦中无甜★

汤色：金黄、明亮★★★★

叶底：黄绿、匀齐★★★★

景迈茶品鉴

在普洱茶界有一个比较认同的共识,老班章茶因其茶味重,茶气强,香甜感好、回甘悠长而被称为"茶王",景迈茶因其兰香突显、汤甜滑、回甘久而称为"茶后"。景迈茶的香、甜、回甘都突显的特征,正是很多喜爱普洱茶的饮者所喜爱的共性特征,因此景迈古树茶受到越来越多人的喜爱和追捧。但也正因如此,市场上假景迈古茶、拼配景迈古茶大量出现,这一方面会冲击普洱茶市场,另一方面也会影响爱茶人对景迈古茶的正确品鉴。

景迈山位于云南省普洱市澜沧县惠民乡,东临西双版纳州勐海县。古茶园主要分布在海拔 1400 米至 1600 米之间山林之中。距离澜沧县城 60 多千米,乘汽车要近 2 个小时,若从勐海县城上景迈山乘车约 2 小时。

根据景迈山缅寺碑记载,景迈山大面积种植茶园始于傣历 57 年(公元 696 年),距今已有 1300 多年。据说新发现的布朗族资料中有记录景迈山种茶已经有 1800 年。在布朗族传说中,布朗祖先叭岩冷种植茶园,并给后代留下遗训:留下金银财宝终有用完之时,留下牛马牲畜也终有死亡时候,唯有留下茶种方可让子孙后代取之不竭,用之不尽。据考证澜沧江流域是茶的起源地,而布朗族的祖先濮人是最早利用

137

野生古茶和最早栽培、驯化古茶树的民族。叭岩冷也就成为有名姓可考的最早的茶人。傣族土司曾把第七个公主嫁给叭岩冷。现在景迈山芒景村有供奉茶祖叭岩冷的庙宇。

景迈山古茶园占地2.8万亩，实际采摘面积10003亩。主要分布在芒景、景迈两个村民委员会，芒景主要是布朗族，景迈主要是傣族。古茶园分布广，但规模最大的两片一片在景迈村的大平掌，另一片在芒景村芒洪寨后的山上。茶园茶树以干径10~30厘米的百年以上老茶树为主。茶树上寄生有多种寄生植物，其中有一种称为"螃蟹脚"的，近年由于人为过度炒作其保健功效而几乎遭受灭顶之灾。

1950年景迈布朗族头人之一的苏里亚（布朗名岩洒）参加了云南省少数民族代表团到北京参加了中华人民共和国建国一周年观礼活动，并将景迈茶精制成的"小雀嘴尖茶"亲手送给了毛主席。

2001年在上海亚太经济合作组织论坛大会上，江泽民主席送给各国首脑的礼品中就有景迈茶。

景迈古茶归纳起来有以下特征：①树龄古老。景迈山古茶园的茶树主要以数百年的茶树为主。②生态环境好。景迈山古茶园的茶树没经过人为矮化，而且全部同山上的原生古树混生在一起，在古茶园里，一个人抱不过来的古树比比皆是，这种混生正是景迈茶香气独特而强烈的源泉之一。③景迈山古树茶有大叶种也有中小叶种。叶型呈现多样化特征。④香气突显、山野之气强烈。由于景迈茶与森林混生，具有强烈的山野气韵，是乔木古树茶中山野气韵最明显的古茶之一，而且还具有特别的、浓郁的、持久的花香。对景迈茶的香人们多用"蜜香"来形容，这是不确切的。景迈茶的香应该是普洱茶香气中最高境界的香——花香，而且是兰花之香。纯正

作者与景迈景腊茶叶专业合作社社长岩赛乱在景迈山考察

作者与世界茶文化交流协会副会长、裕岭一公司总经理蔡林青先生在品景迈古茶

的景迈茶有"三香"，一是干茶香，嗅茶饼就有十分明显的兰香，其香气强度只有像千家寨野生茶之类的优质野茶才能产生。二是茶汤香突显而持久。纯正景迈茶在茶汤中能品出兰香味，而且可以持续到十多泡后。三是杯底留香。杯底香是展现古乔木茶山野气韵的最直观表现，

作者与布朗金头人、布朗公主在景迈山考察

景迈茶由于混生于山野之中，山野之气强烈，杯底香强而持久，10多泡后仍可嗅到。香是景迈茶最大优点，也是人们喜爱景迈茶的主要原因，同时也是景迈茶更容易鉴别的原因。景迈茶的香气强烈程度与采摘时间相关，春茶香强，夏茶弱，秋茶较弱。同时还与茶叶的老嫩度有关，景迈茶是越嫩越香。在普洱存放对比，很多山头的老树茶如果自然存放，三年后茶香明显散失。景迈茶自然存放十年在茶饼和茶汤中仍有明显茶香。⑤甜味明显而持久。 也是景迈茶难于做假的又一特征。很多茶的甜是苦后回甘的甜，而景迈茶的甜是直接的快速到来的，同时又是持久的。品饮景迈茶时，茶汤一入口就可以出甜味，而且回甘久，在没有其他食物干扰情况下，回甘可持续2个小时以上。⑥苦弱涩显，景迈茶属涩底茶，苦味有但不强，是涩味较为明显。⑦条索紧结、较细且黑亮。

由于景迈制茶有充分揉捻的传统，加之中小叶种占一定比例，景迈茶条索较紧结、黑细。同时因景迈古茶长于山野，有古树避光，且生长周期长于台地茶，因此色泽黑亮。⑧耐冲泡。一般可以到20多泡。⑨兰香突显特征要存放一年以后才明显。景迈古树茶在制成的头一年里，其杯香明显，甜感明显，但兰香不明显，一定要存放一年后才会越来越明显。这当然就涉及存放方法，存法不当，受潮跑香就无法体验兰香突显。如存法得当，景迈的兰香则可以保持很多年。

　　近年来由于普洱茶热，景迈茶因其香、甜受到追捧，致使市场上"李鬼"多于李逵。从景迈茶的生产情况来看，澜沧古茶有限公司的杜总回忆70年代曾在景迈山压过茶砖，但这批茶砖现在已难觅踪迹。市场上能找到的只是90年代末以来的产品。在2003年美商裕岭一公司进景迈山之前，制作景

迈茶优质产品的有澜沧古茶有限公司的001产品系列和何仕华的景迈生饼等。2003年美商裕岭一公司与澜沧县政府签约,取得景迈、芒景古茶园50年生产经营权。从

2004年开始,景迈古茶的原料大多被裕岭一公司收购,流到其他厂家的大大减少,加之普洱茶热的出现,市场供求矛盾加大,于是用台地茶充景迈乔木茶,用拼配茶充纯景迈古茶,用盖面茶充纯景迈茶的大量出现。要找到好的景迈茶只有根据景迈茶特征去认真选、认真品才能找到。

品饮景迈古茶,控制水温十分重要,一定要根据各地的水的沸点温度来适当调控温度。虽然景迈古茶的苦涩明显低于台地茶,但如果用超过95℃的沸点水泡景迈古茶,苦涩味仍会比较明显,最好的方法是第一泡水温控制在92℃~93℃左右,既能提香又不至于太苦涩。第二泡以后用90℃左右的水温冲泡。控制好水温景迈茶香甜显、苦涩不显的特征可以保持到十多二十泡后。

航拍景迈山,图中大树下的小树是古茶树

景迈台地茶和古树茶

茶样：2006年景迈古树茶

工序：晒青生茶

条索：紧结黑亮★★★★★

山野气韵：强★★★★★

茶香：山韵明显、兰香、杯底香较突显★★★★★★

滋味：甜持久、略苦、涩显★★★★★

喉韵：回甘持久、滑顺★★★★★

汤色：金黄、清亮★★★★★

叶底：黄绿、匀齐★★★★

景迈台地茶和古树茶

惠可人® 好茶用心做！

"惠可人"普洱茶以主营景迈山茶叶为龙头，为固定茶叶品质，

我们的茶叶甄选景迈各区域茶质，拥有自己的顶级原料地，

保障景迈最真实的口感和香气。

扫码加微信

地　　址：普洱市人民东路23号·雅悦茗轩茶庄

联系人：吴惠　电话：18724880191　QQ：540595012

邦崴茶品鉴

邦崴村属于澜沧县富东乡所辖，位于澜沧县城北面，距县城 100 多千米。位于上允北边大山的顶部附近。位于北纬 23°07′，东经 99°56′，海拔 1974 米。过渡型大茶树海拔 1940 米。

邦崴村有 300 多户 1000 多人，汉族为主，有拉祜族。历史上曾是通往缅甸的古道站点。山下就是上允坝子。坡大无平地。茶树分布村子旁，有部分小叶种，多在地埂上，也有较大片的。

近年邦崴茶名气上升很快，也导致茶价上升。邦崴茶名气上升一是因邦崴茶的茶质好，树龄老，还有一个重要原因是邦崴过渡型古茶树的宣传。

邦崴过渡大茶树及干茶、汤、叶底

邦崴过渡型古茶树位于富东乡邦崴村新寨寨脚园地中，树高11.8米，树幅8.2米×9米，基部干径1.14米，树龄一千多年，当地村民一直在采摘食用。1991年3月思茅地区茶学会理事长何仕华根据群众反映到邦崴对茶树进行初步考察，之后思茅的专家在1991年4月和11月两次考察了古茶树。1992年10月云南省茶叶学会、思茅行署、云南省农科院茶叶研究所、思茅地区茶叶学会、澜沧县政府共同召开了"澜沧邦崴大茶树考察论证会"，认为邦崴大茶树既有野生大茶树的花果种子形态特征，又有栽培茶树芽叶枝梢特点，是野生型与栽培型之间的过渡型。1993年4月"中国普洱茶国际学术研讨会"和"中国古茶树遗产保护研讨会"在思茅举行，来自9个国家和地区的181名专家对邦崴大茶树进行考察，再次论证了大茶树是野生型向栽培型过渡的过渡型大茶树。成为普洱市一带是世界茶叶的原产地论证的重要依据之一。2009年过渡大茶树上采得的8千克鲜叶进行拍卖，拍出64万元的高价，制成干茶约合32万元一千克。

邦崴过渡型古树茶的特征是：芽头肥大、较长，汤色淡黄绿、无苦涩，汤中带甜，香气不强但持久，耐冲泡。

1997年4月8日邮电部发行《茶》邮票一套四枚，第一枚《茶树》就是邦崴过渡型古茶树。

邦崴过渡型古茶树现已由澜沧县古茶有限公司杜春峄董事长认养保护。

邦崴茶的特征是：条索较粗长，色较黑亮，汤色金黄，叶底黄绿，苦涩较显，苦能化甘，回甘较久，涩退稍慢，汤质饱满，生津，山野气韵较强，杯底留香。

茶样：2006 年邦崴老树散茶

工序：晒青生茶

条索：黑亮较紧结★★★★

山野气韵：较强★★★★

茶香：山韵、纯正、杯底香较好★★★★

滋味：苦涩较显、苦能化甘、涩稍长★★★★

喉韵：回甘较好、较甜滑★★★★

汤色：金黄、清亮★★★★★

叶底：黄绿、稍花杂★★★★

东卡河茶品鉴

东卡河是一个村子的名字，名字叫东卡河但并不在河边而是在大山的山顶上。

东卡河村位于北纬 22°39′，东经 99°48′，海拔 1550 米。隶属于澜沧县东朗乡大平掌村委会。东卡河村以拉祜族为主，全村 78 户，只有一户汉族。村子距县城 21 千米。不远处有一高山，称为孔明山。

东卡河茶都是大叶种，茶树生长于村旁和村子边的山梁和山坡上，长于山上的多数与林木共生，生态环境非常好。茶树最密集的一片生长于村子边，几乎 1~2 米就有一株。东卡河的茶树都成乔木状生长，没修剪矮化，最大茶树基部干径超过 20 厘米，树高超过 7 米。土壤主要是黄沙土。

东卡河茶特征：条索紧结黑亮，山野

气较强，干茶、杯底香较强，苦较显，苦显于涩，汤中带甜，涩短，回甘较快较好，茶汤香较纯正，汤色金黄明亮，叶底黄绿较匀整。

茶样：2010 年东卡河散茶

工序：晒青生茶

条索：紧结黑亮★★★★

山野气韵：较强★★★★★

茶香：有山韵，杯底香较强较好★★★★

滋味：苦涩不显，涩短，回甘快，汤中带甜★★★★★

喉韵：回甘较好，滑甜★★★★★

汤色：金黄、明亮★★★★★

叶底：黄绿、匀齐★★★★

帕赛茶品鉴

有不少喜爱景迈茶的人想寻找相似于景迈的茶，如果要从各古茶园中找出有景迈茶特征茶，应该就是贺开茶与帕赛茶了。

帕赛位于北纬 23°12′东经 99° 56′，古茶园分布在海拔 1650~1850 米之间。

帕赛隶属澜沧县文东乡，是澜沧境内距县城最远的古茶园之一，过去因交通原因外界对帕赛茶知之甚少。帕赛的山下是小黑江，江对岸已经是临沧的双江县了。

帕赛茶分布在村子旁的山坡上，茶的树龄和生长状态比较复杂一些，茶园里有上百年的乔木状生长的高大而粗壮的老茶树，有上百年的被矮化的老茶树，也有不到百年的茶树，还有只种了一二十年的新茶树。帕赛茶园中无其他树木，但茶园周围森

林很好，生态环境相对可以。土壤主要是黄沙土。

帕赛茶特征：条索较紧结、较黑亮，山野气较强，干茶、杯底香较强、较持久，汤中有兰香，苦比涩显，但苦亦不重，苦中带甜，涩短，回甘较好，汤质较饱满、滑顺。汤色金黄明亮，叶底较匀整。

茶样：2009 年帕赛散茶

工序：晒青生茶

条索：较紧结、较黑亮★★★★

山野气韵：较强★★★★

茶香：山韵显，有兰香，杯底香较好★★★★

滋味：苦涩不显，涩短，汤中带甜★★★★★

喉韵：回甘较好，滑甜★★★★

汤色：金黄、明亮★★★★

叶底：黄绿、匀齐★★★★

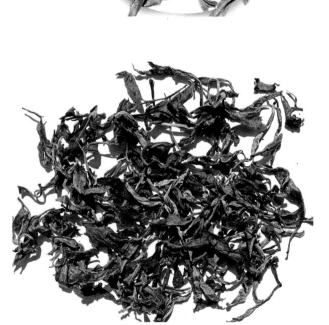

困鹿山茶品鉴

困鹿山本写作困卢山，困鹿山栽培型古茶园位于宁洱县城北31千米的凤阳乡宽宏村。据当地老人说过去每年春茶开采时，官府要派兵进驻，监制贡茶上贡给皇帝。困卢山茶成为清代普洱府的贡茶基地之一，因而才有了"皇家古茶园"这一说法。

困鹿山古茶园有两大特点。一是与村寨共生，构成茶树在村中，村在茶园中的人与自然和谐相处的画面。二是栽培型古茶园与野生古茶林相连。在困鹿山古茶园旁边就是困鹿山野生古茶树群落。这片野生古茶地跨普洱县凤阳、把边两乡，海拔1410~2271米，总面积达10122亩。著名演员张国立出资1万元认养的古茶树就是其中之一。

困鹿山古茶园位于北纬23°15′，东经101°04′，海拔1640米。

困鹿山古茶园内共有古茶树372棵，据考证树龄已有400多年。困鹿山古茶园的古茶树不同于多数古茶园的茶树，它没有人为的剪枝，因而树型很像一般的乔木，高大挺拔。困鹿山古茶园的茶树高度一般都在2米以上，径干10~30厘米。大叶种与小叶种共生也是它的一大特点。古茶园小叶种占了一定比例。困鹿山古茶园的300多棵古茶树都显得非常高大而古老，在这

样一个很小的区域内集中这么多高大的古茶树在其它茶区是很少见的，这也是普洱茶在明代因普洱地方得名的一个重要的实物证据。

困鹿山乔木茶的特点是：困鹿山有大小叶之分，条索紧结黑亮，显毫；山野气尚好，杯底留香，苦涩不显，苦中带甜，涩短，回甘好，汤饱满，滑顺，较甜滑，汤色金黄明亮，叶底较匀整。区别：大叶种山野气更好，苦更显，回甘更好，更耐泡，小叶种十多泡大叶种二十泡。

作者与国际茶业科学文化研究会常务理事陈辉先生在困鹿山考察

困鹿山大叶种与小叶种

茶样：2009 年困鹿山散茶

工序：晒青生茶

条索：黑亮紧结★★★★

山野气韵：较强★★★

茶香：山韵较好、纯正、杯底香较好★★★★

滋味：略苦、回甘快而持久、略涩、能化而生津★★★★

喉韵：回甘持久、滑顺★★★★★

汤色：黄绿、明亮★★★★

叶底：黄绿、匀齐★★★★★

新寨茶品鉴

　　用新寨作名字的村寨比较多，这里说的是宁洱磨黑的新寨。新寨位于磨黑镇西面，从磨思路边的岔路沿山路西行，约四五千米就到新寨村。新寨是一个哈尼族村寨，它的南面是茶庵塘，东面是磨黑，西边是白草地梁子，北面是扎底箐。新寨位于北纬 23°10′，东经 101°07′，海拔 1504 米。

　　新寨现有 60 多户，有的居民已迁居坝子但仍回来采茶。居民都是哈尼族，据说是从红河迁来，已有八九代。来时山上已有茶园。

　　新寨的茶园分布在寨子东面南面，大约有 500 亩。茶园大约可分三个年代种植的，老的已有上百年，新植的有 20 多年的

也有近些年种的。老茶树与新茶树共生，老茶树经过矮化，缺乏野生环境。最大树干径近20厘米，最高树近3米。

新寨茶样的特征：条索紧结较黑亮，细短，显毫，山野气一般，杯底留香，苦涩较显，且苦显于涩，苦在舌前部，苦退较快，汤中带甜回甘较好，汤尚饱满，滑顺，汤色黄绿明亮，叶底黄绿匀整。

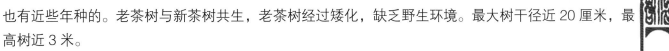

茶样：2010年新寨散茶

工序：晒青生茶

条索：紧结较黑亮★★★★

山野气韵：弱★★

茶香：纯正★★★

滋味：苦显涩弱、苦能化甘★★★★

喉韵：回甘较好、较滑顺★★★

汤色：黄绿、明亮★★★★

叶底：淡黄绿、尚匀★★★★

小景谷茶品鉴

景谷盆地是茶树的最古老的生长区之一，1978年在景谷芒线发现了我国唯一的宽叶木兰化石，距今3540万年，是公认的现代茶树的祖先。景谷县是乔木老树茶分布较多的县之一，全县各乡镇几乎都有老茶园。而景谷乡（小景谷）的古茶园又是最多的。从数量、树龄、茶树的生态状况、茶质等综合因素考虑，小景谷茶区可以列在前茅。小景谷茶区的古茶园有以下特点：第一数量多、分布广。景谷乡的文东、文杏、文山、文联、文召、营盘各村及所属多数自然村都有古茶园分布，古茶园成片种植，密度较高，产量也较多。据历史记载，民国时小景谷街每年交易茶数量超过500吨。现在由于茶树分到农户自产自销，难有确切统计，但据专门在小景谷收购茶叶的茶商估计，仅春茶就可能有上百吨。第二生长状况好。小景谷茶区没进行过大规模的茶园改造，古茶树基本都是成乔木状自然生长几乎没经过矮化。第三树龄较长。小景谷种茶历史较早，但现存量最大的应该是百年前纪襄廷推广种植后形成的，这些古茶树很多是干径10厘米以上的大树。

第四茶质较好。受自然条件、树龄、生态状况影响，小景谷茶区的茶质较好。第五在茶山上暂时不存在用台地茶掺老树茶的问题。茶山上近年也有部分台地茶种植，但都种大白茶，近年大白茶每千克价格比老树茶高，暂时还不会用大白茶（台地茶）去掺老树茶。

讲到小景谷茶区就不能不提到纪襄廷。纪襄廷生于清咸丰八年，殁于民国二十六年，景谷县景谷乡纪家村人，因勤奋好学考中进士，赏六品衔，后辞官还乡，为帮助家乡的开发，根据当地自然条件开始亲自种植和推广茶树种植。据任过民国云南省教育司长、交通司长、首任东陆大学校长的董泽为纪襄廷所撰墓志铭所记："公之为人，曾抱先天下之忧而忧，后天下之乐而乐之怀，抱初不以一人一家之幸福为已足，曾日观景谷之山脉重重，农田稀少，每岁米谷所出，不敷使用，民生日困，盗匪充斥焉，如

捣而思，有以匡救之。经若干心身研究与考察，以景谷气候土质之宜种茶也，乃向外选购种子，先于陶家园试种数百株，后于塘坊山继种数万株，胼手胝足，躬亲栽植保护培养，煞费苦心，不数年而蔚然成林，可供采摘，并以所栽出者资为观摩，广事倡导，使大众群起为普遍与大量之种植。"民国元年，纪襄廷又与纪仁寿在小景谷办"恒丰源"茶庄，之后昆明、四川、大理、普洱、景东等地茶商先后在小景谷街设茶庄27家，小景谷成了又一个重要的普洱茶集散地。王毓嵩先生"景谷之茶衣食万姓，庄蹻而后见公一人。"正是对纪襄廷的最好评价。纪襄廷在陶家园所种茶树已无存，在塘坊山种的还有。

小景谷茶区乔木茶的共性特征是：芽头较肥壮，条索长、泡条，有茸毛，茶汤苦涩中带甜，苦显于涩，杯底留香，山野气韵较好，回甘较好，汤质尚饱满。

苦竹山

苦竹山位于景谷乡政府所在地东北12千米处，海拔2200米左右。据史料记载景谷乡较早种茶是在清咸丰年间，其中就包含苦竹山，后来纪襄廷推广下又大量种植茶树。苦竹山现存有栽培型古茶园面积约1500亩，茶树成片种植，长势良好，属小景谷茶区中长势最好茶园之一。干径很多是10~30厘米的乔木型大树。小景谷已知的最大的两棵茶树都长在苦竹山，而且相距只有1米，大茶树长在李兴昌、李兴贵兄弟的家旁菜园里，最大一棵干径近0.5米，树高超过6米。在旁边的菜园里干径在20~30厘米的还有好几棵。这几棵茶树长势很好，每年都在产茶。

苦竹山老树茶属于小景谷茶区茶质较好的一部分，其特征是：芽头肥壮、条索长、泡条、有茸毛、汤中带甜，苦味稍强而涩味较弱，回甘好，山野气韵较好，汤质尚饱满。

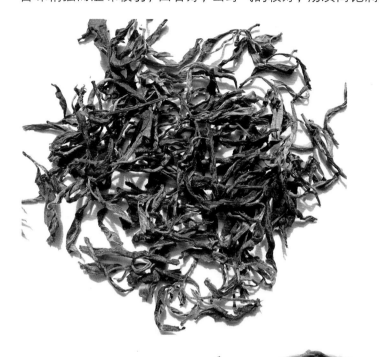

茶样：2006年苦竹山老树散茶

工序：晒青生茶

条索：黑亮、泡条★★★

山野气韵：较强★★★★

茶香：山韵较好、杯底留香★★★

滋味：苦显涩弱，苦能化甘，较久，汤中带甜★★★★

喉韵：回甘较好、较滑顺★★★★

汤色：金黄、明亮★★★★

叶底：黄绿、尚匀★★★★

文山顶

在景谷乡文山村海孜文笔峰顶海拔2277米处，有两个突出的巨大砂石，清咸丰年间，人们开始在两个大石上建寺，先建天生寺，后来又建了三皇宫、祖孙殿、杨四将军庙、玉皇阁等建筑，形成了大石寺建筑群。大石寺地势高险，周围风光尽收眼底，1988年列为景谷县文物保护单位。在大石寺所在的文山村等区域分布着很多树龄百年以上的古茶园，说不清是因当地自然之美的培育还是大石寺的保佑，这些古茶园的古茶树生长旺盛，茶质优良。"文山顶"茶区属于小景谷东部茶区，主要在大石寺周围。

文山顶老树茶样的特征是：条索黑亮、泡条，芽头不多，芽有茸毛，汤中带甜，苦味较显涩味较弱，回甘较好，山野气韵较好，汤质尚饱满。

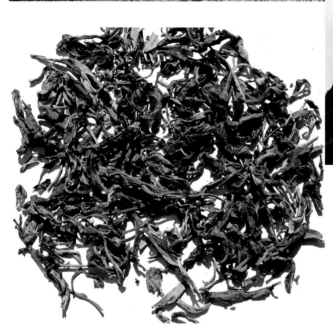

茶样：2006 年文山顶老树茶

工序：晒青生茶

条索：黑亮、泡条 ★★★

山野气韵：较强 ★★★★

茶香：山韵、纯正，较好、杯底留香 ★★★★

滋味：苦显涩弱，苦能化甘且较久 ★★★★

喉韵：回甘较好、较滑顺 ★★★★

汤色：金黄、尚清亮 ★★★

叶底：尚匀、稍花杂 ★★★

黄草坝茶品鉴

黄草坝位于北纬 23° 30′，东经 100° 59′，海拔 1795 米。

黄草坝隶属景谷县正兴镇黄草坝村委会。黄草坝村委会辖 9 个村民小组，有 3 个村民小组是汉族，其他是彝族。

黄草坝古茶园主要分布在黄草坝村委会下辖的黄草坝村，村子位于东西两座大山之间，东面大山当地人称牛肩包山，因其形似公黄牛肩头上的肩包而得名。黄草坝村距正兴镇有 50 多千米，大部分是陡峭的山路，遇河无桥需涉水，越野车需三个多小时才能到达，是目前普洱茶区古茶园中交通最为艰难的一个古茶园。也正因如此外界对黄草坝古茶知之甚少，黄草坝古茶成为目前市场上性价比最好的古茶之一。同时也因为交通不便的原因，黄草坝已有多户人家外迁，目前只有 12 户人家，而且 12 户人家中只有中老年人和小孩，青壮年都外出打工，由于古茶树多，每年春

天还需从外面请人帮助采茶。

黄草坝茶树可以分成四类：第一类是生长于村旁地边的大茶树，是黄草坝古茶园中最粗大的茶树，成乔木状生长，高大而粗壮。第二类是生长于村子周围山坡的老茶树，树高多在两米左右，干径10厘米上下，因水、肥、光照原因虽树龄较长久但长得不显很高大。第三类是长于村西山坡的荒野茶，是当地村民用群体种茶籽在山坡断断续续种植的，有几十年，全部放荒于山坡上，与林木伴生，乔木状生长，不修剪，不施肥，也不清理林木，虽树龄不长但品质较好，当地人将其列为"小树茶"，不与老树茶相混。第四类是在距村一公里多的山上有新植茶园。

土壤主要是夹有风化石的黄沙土。

黄草坝的前三类茶园中都是大叶种与小叶种混生，村旁地边的大叶种和小叶种茶树的高大粗壮程度相似于困鹿山古茶园，口感滋味也相似于困鹿山茶，比困鹿山茶稍显淡薄，可能是因为古茶园两侧山高大导致每天光照少了两个多小时的原因。黄草坝的小叶种古树茶的粗大程度明显超过倚邦小叶种，黄草坝小叶种与倚邦小叶种古茶冲泡对比，口感滋味、茶气、香味相似，但耐泡度上黄草坝的还更强。近些年来黄草坝茶有不少被收去充困鹿山茶，因为二者的口感滋味、茶气茶香相似，而价差很大。困鹿山茶价在古树茶中排在前三名中。

黄草坝茶特征：条索紧结较黑亮，汤色金黄明亮，叶底黄绿匀齐，山野气较强，杯底留香，苦显于涩，但苦亦不重，汤中带甜，涩短，回甘快且较好，汤质饱满滑顺。苦涩弱甜滑感好是其一大特点。

茶样：2010 年黄草坝散茶

工序：晒青生茶

条索：紧结较黑亮★★★★

山野气韵：较强★★★★

茶香：山韵较显，纯正，杯底留香较强★★★★

滋味：苦涩不显，涩短，汤中带甜★★★★

喉韵：回甘好，滑顺★★★★

汤色：黄绿、明亮★★★★

叶底：黄绿、匀齐★★★★

景谷水平茶叶专业合作社

黄草坝古茶初制厂

厂址：黄草坝村外寨社

联系人：周启荣 13887955875

迷帝茶品鉴

　　迷帝茶区位于墨江县城西北的新抚乡境内，属于哀牢山系。年均气温16℃，相对湿度80%，常年云雾环绕，茶叶生长期长，采摘期短，产量低但茶质好。

　　据史料记载，墨江新抚乡一带种茶始于明朝神宗时期，距今已400来年。到清代新抚乡一带茶叶生产与贸易已有较大发展，今乡政府所在地当时叫"唐尚街"，已是茶马古道的驿站之一，商贾云集。

　　最大古茶园距界牌村2千米，已无人家。大茶树干径超30厘米，高超3米。位于北纬23°38'，东经101°23'，海拔1370米。

　　迷帝茶原来称"米地"茶，清代将普洱茶列贡茶后，普洱府辖区内的很多优质茶也列为贡茶。据传说米地茶因品质优良也列为清代贡茶，进贡清宫后受皇帝喜爱，赐"岁俸京师"匾一块。此匾由界牌赵氏家族世传保存，在"文革"期间流失。米地茶因让皇帝迷恋而被称为"迷帝"茶，这个名字一直沿用下来。

　　迷帝茶区的新抚乡属哀牢山系，

山高林密，生态保护较好，在山中还有大量野茶分布。经当地民众多年开发种植，栽培了很多老茶树，最大老茶园有 300 多亩。界牌种茶大户赵氏家族也因茶叶种植与贸易成为当地首富。在赵氏老茶园中还立有一个石碑，上书"迷帝茶源"，以示其地位之尊。现在有墨江县迷帝茶厂在专营迷帝茶。

迷帝茶样的特征是：条索黑亮紧结，芽较多，汤黄绿，苦涩较明显，苦显于涩，苦能化甘，茶香中有少许兰香。有山野气韵，杯底留香。

茶样：2010 年迷帝老树茶

工序：晒青生茶

条索：较黑亮、紧结★★★★

山野气韵：较好★★★

茶香：有山韵、纯正、杯底留香★★★★

滋味：苦涩明显，苦显于涩，苦能化甘★★★★

喉韵：回甘较好、较滑顺★★★★

汤色：黄绿、明亮★★★

叶底：黄绿、匀齐★★★★★

景星茶品鉴

景星老树茶园位于墨江县西部景星乡景星村，地处阿墨江与把边江之间，东经101°12′~101°21′，北纬23°25′~23°29′。正处于北回归线附近。这里年平均气温20℃左右，年降水量1350毫米左右。海拔1910米。

景星种植茶树已有数百年历史。中华人民共和国成立前已有景星茶厂，1970年景星茶厂迁县城改名为墨江茶厂。景星茶园的特点是：连续性种植、开发，不同时期的茶树共处于一个茶园之中。茶园之中既有上百年的老茶树，也有七十、八十年的老茶树，也有一二十年的新茶树。为了采摘方便，老茶树经过矮化处理，但明显大于、高于新茶树，因而茶园中形成明显的高矮层次。有少量乔木状生长的老茶树。

景星老树茶因为经过矮化，芽头明显多于未经矮化的老树茶。景星老茶树干茶条索好、芽头多，汤色黄绿清亮，汤中微甜但苦涩明显，苦能化甘且较快，涩能生津，但涩比苦退得慢。香气不显而且山野气韵弱，稍有杯底香，叶底黄绿，汤尚饱满。

茶样：2005 年景星老树茶饼

工序：生茶饼

条索：紧结、芽较多★★★★

山野气韵：一般★★★

茶香：纯正★★★

滋味：苦显涩弱，但涩稍久，苦能化甘★★★★

喉韵：回甘较好、较滑顺★★★

汤色：黄绿、明亮★★★★

叶底：黄绿、较匀★★★★

老海塘茶品鉴

田坝乡位于镇沅县城西南部，总面积 257 平方千米。全乡辖李家、瓦桥、岔河、田坝、胜利、三合、联合、民强 8 个村民委员会，178 个村民小组。地势中部高，南部低，海拔在 1262~2260 米之间，最高为三合村大营盘主峰，海拔 2260 米，最低点为联合村小盐井高怕河，海拔 1262 米。年平均气温 16℃，年平均降水量 1400 毫米。

大营主峰把田坝乡分为东西两面，东面是红河水系，西面是澜沧江水系，两种有明显差异的自然条件下生长着两片品质有别的老茶园。澜沧江水系的老海塘茶，红河水系的茶山箐茶。

老海塘茶主要分布在瓦桥村民委员会海塘村民小组周围。包括李家、瓦桥、岔河、田坝、胜利 5 个村委会。共有栽培型老茶树 1150 亩，其中 50~100 年的有 700 亩，100 年以上的有 450 亩。最大茶树基干径 27 厘米，高 5 米，约有 160 年。老茶树主要分布在海拔 1690~1820 米之间。

老茶树主要分布区距县城 90 千米。

老海塘茶样的特征是：条索稍粗长，汤色金黄，苦显涩弱，苦化甘稍慢但持久，涩弱但涩也较持久，香气纯正，汤质饱满，山野气韵明显，杯底留香。

茶样：2006年老海塘老树茶

工序：晒青生茶

条索：黑亮较紧结★★★★

山野气韵：较强★★★★

茶香：山韵较显、纯正、杯底香较好★★★★

滋味：苦显涩弱，苦化甘慢但持久，涩稍久★★★★

喉韵：回甘较好、较滑顺★★★★

汤色：金黄、尚亮★★★★

叶底：黄绿、匀齐★★★★

马邓茶品鉴

如果听镇沅人谈茶，谈起最多，最自豪的应该是马邓茶。马邓茶有什么好？按镇沅人的说法一是泡马邓茶的杯子不会起茶垢，二是马邓茶曾评为云南省名优茶。

马邓位于镇沅县城东面，隶属镇沅县者东镇。马邓是一个村委会，辖18个村民小组，在其所辖的小拉拣、小寨、大寨、大平掌、大村、老房子、蕨萁林等都有老茶树分布。马邓茶区属于哀牢山系茶区。

马邓村委会所属区域内居住有汉、彝、哈尼、拉祜等民族。据说汉族是清嘉庆年间迁入的，最早迁入的是杜、刘两姓，迁入后在马邓一带种植茶叶，发展农副产业，其种茶之法在当时应该是比较好的方法，其法是先挖一个一米深坑，坑内先放置沙子，再在沙子上放上木炭和草木灰做底肥再植茶树。

马邓大茶树最多是在马邓村委会所属的大马邓、小马邓村民小组，在村旁地边有很多成高大乔木状生长的大茶树，在山林中也有乔木状老茶树分布。而最成片的一片老茶树在蕨萁林村子边上，这里有一片高两米多，干径10多厘米，由数百株茶树组成的茶林，虽面积不大，但密集度很高。

马邓村土壤主要是黄沙土。

马邓村委会所在地位于北纬23°59′，东经101°23′，海拔1760米。

蕨萁林村茶园位于北纬 23°59′，东经 101°24′，海拔 1900 米。

马邓茶特征：条索紧结黑亮，汤色浅黄绿色，叶底黄绿匀齐，山野气尚好，杯底留香，苦涩不显，苦又显于涩，苦涩退得较快，汤中带甜，回甘较好，汤较饱满滑顺。

茶样：2010 年马邓散茶

工序：晒青生茶

条索：紧结黑亮 ★★★★

山野气韵：尚好 ★★★

喉韵：回甘较好，滑顺 ★★★★

茶汤香：有山韵，纯正，杯底留香 ★★★★

滋味：苦涩不显，汤中带甜，回甘较快 ★★★★

汤色：浅黄绿、明亮 ★★★★

叶底：黄绿、匀齐 ★★★★

老乌山茶品鉴

老乌山茶区位于镇沅县按板镇西南，主要分布在按板镇所属的罗家、文立、那布三个村民委员会所辖的17个村民小组，文立的南面就是小景谷茶区。主要居民有彝族、哈尼族、拉祜族，人口约3000人。这里平均海拔1900米，年平均气温18℃。

老乌山茶区有野生茶、老树茶、台地茶分布。老树茶有的分布在田边地角，有的成片种植，有的被矮化。据2006年统计，老乌山茶区有老茶园2500亩，乔木型老树茶380多亩，台地茶3500亩。在老乌山的老茶树中有很多是干径10多厘米到20多厘米的大茶树。

在和尚寺村地边有一株大茶树，根部直径达1.23米，在离地一米多的地方有一级分枝6枝，分枝的枝干径超过30厘米，树高达九米多，是紫芽变异种，当地百姓一直在采摘制茶叶食用。经专家考证属于栽培型茶树。这株大茶树在多年前就已被当地民众奉为"茶神树"，每年要在茶神节这天前来祭拜。

老乌山茶样的特征是：条索稍粗长，由于不少被矮化，芽头较多，汤色金黄明亮，苦味较显而涩弱，苦能较快化甘，甘较持久，香气明显，汤质较饱满，叶底黄绿，由于生长环境影响，山野气韵不强，有杯底香。

茶样：2006年老乌山老树茶饼

工序：生茶饼

条索：黑亮较粗★★★

山野气韵：一般★★★

茶香：较显、纯正、杯底香尚好★★★

滋味：苦显涩弱，回甘快且较持久★★★★

喉韵：回甘持久、较滑顺★★★★

汤色：金黄、明亮★★★★

叶底：黄绿、较匀★★★★

茶山箐茶品鉴

茶山箐茶区属于镇沅县乔木状老茶树数量比较多的一个茶区。茶山箐老茶树主要分布在田坝乡民强村委会茶山箐村民小组周围，中心点距县城 110 千米。山形以东西走向为主。进茶山箐的车路路况不佳，干季有的路段越野车还要用前加力。茶山箐一带有栽培型老茶树 1050 亩。树龄 160 年左右的有 350 亩，树龄在 50~100 年的约有 700 亩。最大茶树基部干径 40 厘米。茶树有的成片分布在山坡，有的分布在地边。 茶山箐茶特征：条索黑亮较，汤色金黄明亮，苦味较显而涩弱，苦能较快化甘，甘较持久，香气明显，汤质较饱满，叶底黄绿，山野气韵较强，有杯底香。

茶样：2006 年茶山箐老树散茶

工序：晒青生茶

条索：黑亮较紧结★★★★

山野气韵：较强★★★★

茶香：山韵较显、纯正、杯底香较好★★★★

滋味：苦显涩弱，苦能化甘★★★★

喉韵：回甘较好、较滑顺★★★★

汤色：黄绿、明亮★★★★

叶底：黄绿、匀齐★★★★

大麦地茶品鉴

大麦地位于镇沅县东，隶属者东镇麦地村委会，距县城91千米，其中从学堂街到麦地村的约七公里山路比较难行。

麦地村位于北纬24°01′，东经101°23′，海拔1730米，居民有彝族、拉祜、汉族。

麦地与马邓隔一条大山箐相望，直线距离只有2~3千米。

古茶园分布在村后，最大茶树主要集中在一个山凹中，茶园从山凹向两侧山坡展开，大茶树比较集中的区域约有近5亩面积，茶树树高多在2米以上，干径十厘米以上，最大茶树基部干径超过20厘米。土壤以黄沙土为主。

大麦地茶特征：条索紧结较黑亮，汤色金黄明亮，叶底黄绿匀齐，山野气较强，杯底留香，苦涩稍显，苦显于涩，涩短，回甘较快较好，汤尚饱满。

茶样：2008年大麦地散茶

工序：晒青生茶

条索：紧结较黑亮★★★★

山野气韵：较强★★★★

喉韵：回甘较好★★★★

茶香：有山韵，杯底香较好★★★★

滋味：苦涩稍显、涩短★★★

汤色：金黄、明亮★★★★

叶底：黄绿、匀齐★★★★

老仓福德茶品鉴

景东县位于云南省西南中部，地跨北纬 23° 56′ ~24° 29′ 。川河从西北方安定界入境向东南贯穿全县，以川河为界，西面属无量山系，东面属哀牢山系。总面积 4465.85 平方千米。全县共辖锦屏、文井、漫湾、大朝山、花山、大街、龙街、文龙、安定、林街、曼等、景福等 13 个乡镇。境内海拔最低点在大朝山东镇文笑河口与澜沧江交汇处，只有 795 米。最高点是无量山猫头峰，有 3371 米。年平均气温为 18.3℃，年平均降水量为 1086.7 毫米。

景东产茶历史悠久，唐代樊绰的《蛮书》说："茶出银生城界诸山"。银生指当时南诏国的银生节度，其治所就在今景东县城。

景东境内的古茶园、古茶树和茶马古道充分说明景东是古老的普洱茶产区之一。民国 14 年，云南省省长唐继尧曾给景东老仓福德茶山出品的"老仓茶"颁优等奖章。

据景东县的普查，全县 13 个乡（镇）、102 个村民委员会、

802 个村民小组区域有老茶树分布。其中 50~100 年的有 32744.79 亩。100 年以上的有 4394.13 亩。

老仓福德茶区的老茶树、老茶园主要分布在安定乡的迤仓、中仓、外仓、河底、民福，文龙乡的邦迈、邦崴、文录、文昌等地。这一带海拔在 1670~2020 米，有老茶树 16035 亩，其中树龄在 50~100 年的有 14450 亩，树龄在 100 年以上的有 1585 亩，年产量超过 200 吨。

茶园主要分布在大山的中上部，茶园有多片密度大的，但是大茶树、矮化老茶树、新植茶混生。还有一些大茶树分布在地埂边和村中。有少量中小叶种。中仓、迤仓两个村委会老茶树较多。居民主要是彝族。中仓回民村旁的一片茶树比较大。村名叫回民村但居民是彝族。

回民村：北纬 24° 41′，东经 100° 36′，海拔 2001 米。

中仓后山坡：海拔 2099 米。

迤仓：北纬 24° 41′，东经 100° 35′，海拔 1898 米。

老仓福德老树茶样的特征是：条索黑亮较紧结，山野气一般，杯底留香，苦涩不显，涩稍长，汤中带甜，回甘较好，汤较饱满，汤中有香，滑顺，汤色黄绿明亮，叶底黄绿匀整。

茶样：2006 年老仓福德老树茶

工序：晒青生茶

条索：黑亮较紧结★★★★

山野气韵：较强★★★

茶香：有山韵、纯正、杯底香较好★★★★

滋味：苦显涩弱，回甘稍慢，但持久★★★★

喉韵：回甘较好、较滑顺★★★★

汤色：黄绿、尚亮★★★

叶底：黄绿、尚匀★★★★

金鼎茶品鉴

金鼎茶区属于景东品质比较好的一个老树茶区。金鼎茶区的老茶树、老茶园主要分布在林街乡的岩头、龙洞、箐头、丁帕、青河，景福乡的公平、金鸡林、岔河、勐令，东镇的黑蛇、苍文、长发一带。这一带海拔 1762~1997 米，有老茶树 7542 亩，树龄在 50~100 年的有 6591 亩，树龄 100 年以上的有 951 亩。在勐令村大村子有一株大茶树，树高 7.5 米，基部干径合围有 175 厘米，由于年代久远树心已空，当地百姓一直在采用，在这株大茶树周围还有大茶树十几株。

在公平村芦山村民小组有一株大茶树，树高 9 米，基部干径合围达 2.16 米。当地百姓现在仍在采用。在周围还有大茶树几十株。

金鼎古茶山老树茶样的特征：条索较黑亮细短，汤色黄绿明亮，苦较显而涩较弱，苦能化甘，较长，汤质尚饱满，有山野气韵。

茶样：2006 年金鼎老树散茶

工序：晒青生茶

条索：黑亮较紧结★★★★

山野气韵：较强★★★

茶香：有山韵、纯正、杯底香较好★★★

滋味：苦显涩弱，苦能化甘，较久★★★★

喉韵：回甘较好、较滑顺★★★

汤色：黄绿、明亮★★★★

叶底：黄绿、尚匀★★★★

漫湾茶品鉴

漫湾茶区属景东茶区，漫湾茶区的老茶树、老茶园主要分布在漫湾镇的安召、温竹一带。这一带海拔在1867~1947米，有老茶树3000亩，树龄在50~100年的有2893亩，树龄100年以上的有107亩。

漫湾老树茶样的特征是：条索稍松、短、色黑，汤色黄绿，苦显于涩，苦能化甘，汤质稍薄，有山野气韵，叶底青绿。

茶样：2006年漫湾老树散茶

工序：晒青生茶

条索：黑亮尚紧结★★★

山野气韵：尚可★★★

茶香：纯正★★★

滋味：苦显涩弱，苦能化甘★★★★

喉韵：回甘尚好★★★

汤色：黄绿、尚亮★★★★

叶底：黄绿、尚匀★★★★

哀牢山西坡茶品鉴

哀牢山西坡茶区主要分布在花山乡文岔、撇罗、营盘、文岗，大街乡气力、三营，太忠乡大柏地、麦地，龙街乡东山、和哨。这一带海拔1310~2150米，树龄50~100年的有4844亩，树龄100年以上的有753亩。

花山大茶树位于哀牢山西坡的花山乡文岔村村上社。海拔1860米，树高11.5米，当地百姓说此树已有十一代，应该有200年以上。现在每年还能产茶几十斤。

大街乡气力村灵官庙大茶树，海拔1940米，基部干径2.12米，树高14.8米，是目前景东发现的栽培型最大的大茶树。

太忠乡大柏村丫口古茶树。海拔1940米，基部干径合围2.85米，树高8.9米，树心已空，可容一个大人。一直在采用。

龙街乡和哨村瓦泥大茶树。海拔2100米，基部干径合围190厘米，树高11.9米。周围有大茶树几百株，一直在采用。

哀牢山西坡老树茶样的特征：条索黑亮较细，汤色金黄，尚亮，苦显于涩，苦能化甘，稍长，汤质尚饱满，叶底黄绿，匀齐。

茶样：2006年哀牢山西坡老树茶

工序：晒青生茶

条索：黑亮紧结、较细★★★★

山野气韵：一般★★★

茶香：纯正★★★

滋味：苦显涩弱，苦能化甘，较持久★★★★

喉韵：回甘较好★★★

汤色：黄绿、尚亮★★★★

叶底：黄绿、匀齐★★★★★

御笔茶品鉴

御笔茶区属景东茶区，御笔茶区的老茶树、老茶园主要分布在锦屏镇的菜户、温卜、利月、黄草岭、山冲，文井乡的清凉、丙必、山心等地。这一带海拔 1780~1920 米，树龄 50~100 年的老茶树有 3995 亩，树龄 100 年以上的老茶树有 995 亩。

御笔老树茶样的特征是：条索黑亮、稍长，汤色黄绿，明亮，苦涩较重，苦化甘较快，回甘明显，涩能生津，涩稍久。叶底匀齐，黄绿。山野气韵一般。

茶样：2006 年御笔老树散茶

工序：晒青生茶

条索：黑亮、稍长★★★

山野气韵：一般★★★

茶香：纯正★★★

滋味：苦涩较显，苦化甘较快，涩稍长能生津★★★★

喉韵：回甘较好★★★

汤色：黄绿、明亮★★★★

叶底：黄绿、匀齐★★★★★

長地山茶品鉴

長地山村隶属景东县文井镇丙必村委会，長地山古茶园属于距景东县城最近的古茶园之一，从大范围上分属御笔茶区。在長地山可以看到山下的景东川河坝，去長地山的路从清凉开始上山，接近長地山村的一段比较陡比较难行。

長地山村民小组有59户，老茶园主要在村后山梁之后的山坡上，村中有一些

大茶树，村子周围有新茶园。最大三株茶树在村子里，是耿发忠家的，三株大茶树成品字形分布，相距只有几米，最大一株树高5.2米，基部干径超过30厘米。山后茶园大茶树大小不一，清过林木杂草，翻过土，茶园周围生态尚好。

长地山位于北纬 24° 21′，东经 100° 50′，海拔 1920 米。

长地山茶特征：条索紧结黑亮，汤色金黄明亮，叶底黄绿匀齐，山野气一般，杯底有香，不够强，苦较显，涩短，回甘较好，汤尚饱满。

茶样：2008 年长地山散茶

工序：晒青生茶

条索：紧结黑亮★★★★

山野气韵：尚可★★★

茶香：纯正、尚可★★★

喉韵：回甘较好★★★★

滋味：苦较显，涩短，回苦较好★★★★

汤色：金黄、明亮★★★★

叶底：黄绿、匀齐★★★★

国庆田房茶品鉴

江城县位于普洱市东偏南。江城县城距六大茶山中的曼撒、易武茶山的直线距离只有大约70多千米。历史上曼撒、易武的茶也经江城运往石屏、昆明。由于受六大茶山茶叶贸易的影响，江城也很早就开始种茶、生产茶品。据地方史志记载，早在民国初年，已有敬昌号、群记茶庄等茶庄、茶号在江城制作销售茶叶。在老古董茶中就有著名的"江城圆茶"。

江城的乔木老树茶分布最多是在国庆乡。国庆乡位于江城县城北面，乡政府所在地距县城仅8千米。国庆乡的田房、洛捷、幺等、嘎勒、博别等村委会辖区都有乔木老树茶分布。国庆乡居民以彝族为主。洛捷村的"洛捷"在彝语中就是"茶叶"的意思。据当地老人讲国庆一带种茶已有好几代人。

田房村委会位于江城县城东北方，村委会所在地田房村距县城仅8千米，田房村、太平村均有较多乔木老树茶分布。这里的乔木老树茶成片种植，分布于山坡、林下、村边，大片的一片有几亩到几十亩，小片的有几十株。很多都是几乎没修剪过的乔木型的老树茶，树高超过1.5米，干径10厘米以上的占相当比例。在田房村白富恩家地里，有两株大茶树，1号树根基部直径达40厘米，树高近4米，2号树根基部近 30 厘米，树高超过 3 米。在白文强家茶山的茶林中有一株大茶树，从根部分为两枝，根基部直径超过 30 厘米，树高近 3 米。

国庆茶由于靠近易武茶区，气候、土壤等与易武茶区相似，因而茶味很接近易武茶。近年来由于易武茶价上扬很快，而且还供不应求，于是到国庆乡收国庆茶去充易武茶的也就多起来，国庆茶的价格也就升得较快。

国庆茶样特征是：条索黑亮较粗长、泡条，苦涩弱，汤中带甜，回甘较好，汤尚饱满。若与易武茶比，条索颜色比易武茶略深，芽头稍多，汤质没易武醇厚。

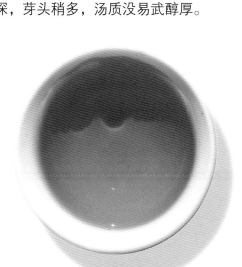

茶样：2007 年国庆老树散茶

工序：晒青生茶

条索：黑亮、较长、泡条 ★★★

山野气韵：较强 ★★★

茶香：有山韵、纯正、杯底香较好 ★★★

滋味：甜显、苦涩弱 ★★★★

喉韵：回甘较好、甜滑顺 ★★★★

汤色：金黄、清亮 ★★★★★

叶底：黄绿、匀 ★★★★★

博别茶品鉴

　　博别寨隶属江城县国庆乡么等村委会，位于县城北方，距县城 20 多千米，其中从么等村到寨子的七公里山路比较难行。博别寨有 88 户，以彝族为主，有少量哈尼族。

　　江城位于易武北部，历史上是易武茶北上通道之一，江城茶业发展与易武茶兴盛有很大关系。过去易武茶业兴盛后有很多石屏人南下，到易武种茶、经销茶，江城是石屏人到易武的必经之路。在易武茶业的带动下，江城开始种茶、制茶、开茶庄。江城茶种源于易武。

　　江城老树茶主要分布在县城北的田房、洛捷、博别、和平、公等、嘎勒等村。茶树最大在田房，博别面积较大。博别寨老树茶园主要分布在寨子北方山梁后的山坡上，寨子周围有少量老茶树，博别的老茶树成乔木状生长，高度在 1~2 米，干径多在 10 厘米左右，虽然不粗大，但多是 1949 年前种植的。茶园中清过杂树和杂草，松过土，茶园周边生态较好。土壤主要是黄沙土。

　　博别茶特征是：条索略粗泡、黑亮，汤色金黄明亮，叶底黄绿尚匀，山野气尚好，杯底留香，苦涩不显，苦略显于涩，汤中带甜，涩短，回甘较好，汤质稍薄但较滑顺，特征似易武，只是汤不如易武滑厚。

茶样：2008 年博别散茶

工序：晒青生茶

条索：略粗泡、黑亮★★★★

山野气韵：较强★★★★

喉韵：回甘较好，较滑顺★★★★

茶香：有山韵、纯正较好，杯底留香★★★★

滋味：苦涩不显，涩短，回甘快，较甜滑★★★★

汤色：金黄明亮★★★★

叶底：黄绿尚匀★★★

腊福茶品鉴

　　孟连县境内有古茶园很少被外人知道。其实孟连县有两片栽培型古茶园，一个在芒中，一个在腊福。说到腊福古茶，人们更多听说过的是腊福大黑山野生茶。腊福大黑山位于中缅边境上，最高峰海拔2603米，周围分布着约58平方千米的原始森林，在原始森林中分布有很多野生大茶树，腊福大黑山野生茶考察公布后，很多人都认为腊福只有野生茶。在腊福大寨旁建有腊福水库，栽培型古茶主要分布在腊福大寨周围和水库边上。

　　腊福大寨隶属孟连县勐马镇腊福村委会，水库距县城42千米，从水库大坝到腊福大寨还有5千米，腊福大寨位于北纬22°07′，东经99°25′，海拔1570米。

　　腊福大寨是拉祜族村寨，有100多户。这里曾是孟连通往缅甸的通道之一，现在修了勐马口岸公路，原来的通道就基本不用了，从腊福到国境线只有几公里路程。

　　腊福水库旁有几千亩新开的现代台地茶园。

　　腊福古茶属于大叶种，分布相对比较分散，大茶树最集中的地方是居民已外迁的旧寨，这里有很多株干径接近或超过 20cm 的大茶树。土壤主要是黄棕土。

　　腊福茶特征：条索黑亮较紧结，汤色金黄明亮，叶底黄绿匀齐，山野气较强，杯底香较显且较长，苦涩较重，且苦显干涩，苦在舌前部，苦退较快但涩稍长，汤中有甜，回甘较好，汤尚饱满滑顺。

茶样：2010 年腊福散茶

工序：晒青生茶

条索：黑亮较紧结 ★★★★

山野气韵：较强 ★★★★

喉韵：回甘较好 ★★★★

茶香：有山韵、杯底留香 ★★★★

滋味：苦涩较显，苦显于涩 ★★★

汤色：金黄、明亮 ★★★★

叶底：黄绿、匀齐 ★★★★

芒中茶品鉴

芒中古茶园是孟连县两个主要栽培型古茶园之一。芒中古茶园位于孟连县城东面坝子边缘处，距县城 5 公里，隶属孟连县娜允镇景吭村。位于北纬 22° 23′，东经 99° 39′，海拔 1020 米。

芒中村有傣族 100 多户，村子旁有一些丘陵状小山，种有大量茶树，其中在村旁有一片约 100 多亩的老树茶园，茶树成乔木状生长，由于多年不修剪矮化，树高大，多数茶树高超过 3 米，最高一株高达 12 米。干径多在十多厘米。这片古茶过去是孟连傣族土司的御用茶园。

孟连傣族是大约在南宋后期从德宏迁来的，到元代在其首领带领下开始建成娜允古城，元朝曾设木连路军民府，明朝设孟连长官司，清设孟连宣抚司，由傣族首领世代任土司。孟连宣抚司是云南边疆重要的土司机构之一，其宣抚司署位于娜允古镇内，保存完好。

芒中周围的茶园中有很多小树茶，但少修剪，多成乔木状生长，茶园周围保留较多林木，生态较好，茶叶采撷面小，因而品质较好。

芒中茶特征：条索紧结黑亮，山野气较好，干茶与杯底香较好，苦显于涩，但苦亦不重，苦中带甜，涩短，回甘较好，汤较饱满，较甜滑，汤色金黄明亮，叶底黄绿较匀整。

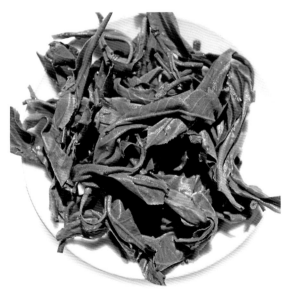

茶样：2008年芒中散茶

工序：晒青生茶

条索：紧结黑亮★★★★

山野气韵：较强★★★

茶香：纯正，杯底留香★★★

滋味：苦涩不显，涩短，汤中带甜★★★★★

喉韵：回甘较好，滑顺★★★★

汤色：金黄、明亮★★★★

叶底：黄绿、较匀★★★★

冰岛茶品鉴

冰岛茶在普洱茶人的心目中具有很崇高的地位。冰岛古茶孕育了勐库大叶种，而勐库大叶种是云南大叶种中著名的优良品种，现在临沧、普洱的不少老茶园引种的就是勐库种。

冰岛隶属双江县勐库镇，距勐库镇约40千米，位于北纬23°47′，东经99°54′。海拔1670米。土壤主要是黄棕壤。

有资料证明，明成化二十一年（公元1485年）勐库傣族土司从西双版纳引入茶种在冰岛种植，成活150多株，这150多株的子孙在冰岛繁育并推广到了很多地方。冰岛当时是勐库土司的御用茶园。现在冰岛村有50多户，民族以傣族为主，还有汉族和拉祜族。冰岛的傣族应该就是当年为土司管理茶园的傣族后人。

冰岛村周围都是茶园，新茶树为主，老茶树多长于地埂上，在老茶树中还有少量是当年土司引种来的古茶树。从老茶树的生长位置可以看出冰岛也有过毁茶树改粮田的过程。

冰岛老茶树都是标准的大叶种。老茶树成乔木状生长，有修剪痕迹。有一条很好的弹石路连

接着勐库镇与临翔区的章驮，冰岛位于其偏北方，但从这条路岔入冰岛村的路虽只有一公里多但路况之差与冰岛的名声地位实在不可想象。

冰岛茶特征：条索紧结黑亮，汤色黄绿明亮，叶底黄绿匀齐，山野气较强，杯底留香，苦涩不显，汤中带甜，苦在舌前部，苦涩退得快，回甘好，饮后口腔甜滑感好。汤较饱满、滑顺。

茶样：2009 年冰岛散茶

工序：晒青生茶

条索：紧结黑亮 ★★★★★

山野气韵：较强 ★★★★

茶香：有山韵，纯正，杯底留香 ★★★★

滋味：苦涩不显，涩短，回甘快，汤中带甜 ★★★★★

喉韵：回甘较好，较滑顺 ★★★★★

汤色：黄绿、明亮 ★★★★

叶底：黄绿、匀齐 ★★★★

小户赛茶品鉴

临沧市双江县的勐库镇辖区是勐库种的发源地，勐库大叶种是优良的普洱茶品种。勐库种源于明成化二十一年开始种植的冰岛茶，明成化二十一年（公元 1485 年）至今已有 500 多年。勐库镇辖区内茶园分布十分广泛，古茶园很多，可惜的是多数都被改造过，经过清除森林、矮化茶树的改造后，远远看去古茶园很像台地茶园了。小户赛古茶则属于没有矮化改造的少数古茶园之一。土壤主要是黄沙土，基土中有含云母沙石。

小户赛也写成小户撒，属于勐库西坡茶区，地处勐库大雪山的半坡上，村子后的大雪山林中分布有大量野茶。

小户赛位于北纬 23° 40′，东经 99° 44′，海拔 1714 米。隶属于双江县勐库镇。小户赛分成相邻的两寨，一寨是汉族，一寨是拉祜族，两寨相距 100 米。汉族寨没有大茶树，古茶树全在拉祜族寨。拉祜寨有 140 多户。

古茶园分布在拉祜族寨子的上、下和北侧，茶树成乔木状生长，过去曾有修剪因此高度多在 2 米多，干径多在十多厘米。最大茶树生长在寨子中罗阿发家旁边，基部干径超过 20 厘米，

高超过 8 米。

小户赛茶特征：条索紧结黑亮，汤色黄绿，叶底黄绿匀齐，山野气较强，杯底留香，苦涩较显，汤中带甜，苦在舌前部，苦涩退得较快，回甘较好，汤较饱满滑顺。

茶样：2009 年小户赛散茶

工序：晒青生茶

条索：紧结黑亮★★★★

山野气韵：较强★★★★

茶香：有山韵、纯正、杯底留香★★★★

滋味：苦涩较显，汤中带甜，回甘较快★★★★

喉韵：回甘较好★★★★

汤色：黄绿、明亮★★★★

叶底：黄绿、匀齐★★★★

白莺山茶品鉴

白莺山原名白鹰山，据说过去当地鹰很多，得名白鹰山，大鹰经常攻击百姓的家禽，最终引发了人鹰大战，之后鹰渐渐变少，而美丽的白莺又多了起来，于是人们将白鹰山改称白莺山。

白莺山村民委员会隶属云县漫湾镇，下辖 36 个自然村。白莺山距澜沧江直线距离只有 10 千米，属于澜沧江流域古茶园之一。

白莺山位于北纬 24°38′，东经 100°19′，海拔 2217 米。

白莺山种茶的历史很悠久，而且在历史上当地就有赶茶会活动，当地百姓通过这种活动与外地客商进行茶叶和其他商品的交易活动，其实就是过去的茶叶商品交易会。

据考证最初在白莺山地区种植古茶树的是古濮人，今天称布朗族，而今天主要分布的是彝族。关于布朗族的去向有两种说法，一说是迁出，二说是因彝族势力大，布朗族也改称彝族了。

白莺山茶树资源十分丰富，在本地人的划分上，茶分为本山茶、二嘎子茶、黑条子茶、白芽子茶、红芽口茶、柳叶茶、藤子茶、勐库茶等。本山茶应属于驯化型茶，白芽子茶、红芽口茶等应是以群体种中芽色、叶型不同而得名，二嘎子茶因其特征介于本山茶和栽培型之间而得名，二嘎子茶和黑条子茶根据条索、滋味、茶香等综合判断，有可能是野生型或驯化型与栽培型的杂交。

白莺山茶树主要分布在村旁地边，呈

星状分布，很少密集成片，茶树多成乔木状生长，高大而粗壮，大茶树中驯化型占一定比例，勐库种一般要矮小一些。

本山茶特征：条索黑细不亮，多梗少芽，叶沿齿少且浅，山野气较强，杯底香较好，正常冲泡基本不苦涩，如泡重会有少许苦，汤中带甜，香型不同于一般的栽培型茶，回甘尚好，汤质较饱满滑顺，汤色金黄明亮，叶底黄绿匀整，叶、条索、口感滋味、香型、杯香都有明显野茶特征，应属驯化型。

二嘎子茶特征：条索色黑不亮，多梗少芽，较粗老，山野气较强，杯底香较好，略苦，涩稍长，汤中带甜，香型特别，回甘尚好，汤质一般，汤色金黄带红，叶底黄绿匀整。条索、口感滋味、叶底香型等综合品鉴，可能是野生型或驯化型与栽培型的自然杂交种，其总体特征偏向栽培型多一些。

黑条子茶特征：条索黑细不亮，多梗少芽，山野气较强，杯底香好，略苦，但苦低于二嘎子茶，涩稍长，汤中带甜，香型特别，回甘尚好，汤质一般，汤色金黄明亮，叶底黄绿匀整。条索、口感滋味、茶香等相似于二嘎子，介于野生型或驯化型与栽培型之间，可能是自然杂交种，其特征偏向栽培型多一些。

白莺山本山茶

白莺山本山茶汤

白莺山本山茶叶底

白莺山二嘎子茶

白莺山二嘎子茶汤色

白莺山二嘎子茶叶底

白莺山黑条子茶

白莺山黑条子茶叶底

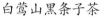

白莺山黑条子茶汤

茶样：2009 年白莺山茶、二嘎子茶、黑条子茶

工序：晒青生茶

条索：本山茶条索黑细不亮，多梗少芽★★★

　　　二嘎子茶条索色黑不亮，多梗少芽，较粗老★★

　　　黑条子茶条索黑细不亮，多梗少芽★★★

山野气韵：较强，本山茶★★★★ 二嘎子茶★★★★ 黑条子茶★★★★

茶香：有山韵 杯底香较好，本山茶★★★★ 二嘎子茶★★★★ 黑条子茶★★★★

滋味：本山茶基本不苦涩，汤中有甜★★★★★ 二嘎子茶略苦，涩稍长，汤中有甜★★★黑条子茶稍苦，

　　　涩稍长，汤中带甜★★★

喉韵：本山茶★★★ 二嘎子茶★★★ 黑条子茶★★★

汤色：本山茶★★★★ 二嘎子茶★★★ 黑条子茶★★★★

叶底：本山茶★★★★ 二嘎子茶★★★★ 黑条子茶★★★

昔归茶品鉴

　　昔归古茶园是一个很特别的古茶园。之所以说它特别，一是因为它有"临沧的老班章"之称。二是因为它是成规模的古茶园中海拔最低的古茶园之一。三是因为它是临沧范围内古茶树密度大，生态最好的古茶园之一。

　　昔归位于临沧市临翔区最东面的邦东村民委员会辖区，距邦东村 12 千米。昔归村有 113 户人家，居民以汉族、傣族为主。村子距澜沧江只有几百米，江对岸是普洱市镇沅县秀山村。将来糯扎渡水电站蓄水后，回水将淹没江边田地，昔归村也将向高地搬迁。在专业人员对糯扎渡库区进行抢救性考古发掘时，在昔归发现了新石器遗址和缅寺遗址。

　　昔归古茶园位于村子以北一公里多的澜沧江边山坡上，位于北纬 23°55′，东经 100°24′。古茶园主要分布在海拔 900 米至 1000 多米的山坡上。古茶园的下面是澜沧江嘎里古渡口，历史上是临沧与镇沅等地连接的重要通道，现在仍有渡船连接两岸交通。

　　古茶园旁本来有村子，大跃进时才全部迁到现在昔归村。现在仍可以看出当年的房地基平台，还有当年种植的大芒果树。

古茶园所在的山叫芒绿山，亦写作茫绿山，昔归古茶园是临沧市范围内古茶树保存最多，生态环境最好的古茶园之一。澜沧江啤酒集团租用经营了古茶园的大约三分之二，在所租的216亩茶园内，有古茶树17000多株。加上没租的三分之一，则整个古茶园的面积有300多亩，古茶树2万多株。古茶园中保存了大量其他植物，生态较好。

昔归古茶基本是标准大叶种，茶树干径多在10多厘米，树高多在150~200厘米。最大茶树干径约20厘米。

昔归古茶归纳下来有以下特征：条索紧结黑亮，汤色黄绿明亮，苦较尖显，且苦显于涩，苦在舌两侧及舌根，苦退得比涩快，苦退后回甘较好，茶汤苦中带甜，杯底有古树茶特有之杯底香，但强烈程度一般，汤质滑润感和茶气较好。

以昔归茶与老班章比，茶味、茶气、杯底香型与强度、汤中甜度及回甘程度应该有明显区别。因此对于称昔归茶是"临沧的老班章"不应该理解为昔归茶有老班章的特征，而应该理解为从茶的地位评说：老班章是西双版纳生态、茶味、茶气最好的茶，昔归是临沧生态、茶味、茶气最好的茶。

茶样：2009年昔归老树茶

工序：晒青生茶

条索：较黑亮、紧结★★★★

山野气韵：较强★★★

茶香：有山韵、纯正、杯底香较好★★★★

滋味：苦涩明显，苦显于涩，苦能化甘★★★★

喉韵：回甘较好、较滑顺★★★★

汤色：黄绿、明亮★★★★

叶底：黄绿、匀齐★★★★★

东旭茶区老树茶品鉴

　　在临沧市临翔区邦东乡至云县大朝山西镇有一条南北向大山脉，山脉东面是澜沧江，江边有临沧著名的昔归茶区。昔归距邦东有 12 千米。在这条山脉的中上部有一条公路连接着邦东乡和大朝山西镇。从邦东乡的邦东村经过曼岗村、菖蒲塘村等最后到邦旭村，在长达近 20 千米的公路两侧分布着一条古茶林带，宽度从 100 米至数百米，或集中成片或零星分布，断续分布长达近 20 千米，茶树基本成乔木状生长，由于这条山脉的中部及以上部分多是裸露的大石头，茶树主要生长于石头之间的风化沙土中，茶树中很多是干径超过 10 厘米，高度超过 150 厘米的乔木状老树茶，这片茶区的海拔、气候、土壤、生态环境以及茶的口感滋味基本相同，在整个临沧市内像这样规模的古树茶园十分罕见，它的规模比昔归古茶园要大得多。这一茶区的中心菖蒲塘村位于北纬 23°59′，东经 100°20′，海拔 1677 米。

　　这个茶区的古茶树最集中是在邦东乡的曼岗村和大朝山西

镇的菖蒲塘村，这其实是分属两县区、两乡但山水相连的两个村子。这一茶区内的最大茶树在菖蒲塘村的上糯伍村民小组的地埂边上，三株大茶树相邻生长，枝繁叶茂，最大的一株高超过 10 米，基部干径超过 70 厘米。

这片茶区规模大，茶树龄长，茶的口感滋味好，但由于长期不被外界认知，这个茶区的茶价仍偏低，而且这一茶区至今还没有一个统一的名称。经过仔细斟酌后把这茶区称之为"东旭"茶区。用此名的理由有三：一是该茶区分布于邦东村至邦旭村之间，两个地名各取一字合为"东旭"。二是这片茶区分布于面东山坡，正对每天东升的旭日，可以称为"东旭"。第三这片茶区规模大，品质好但就好像是藏于深闺的美女，像藏于深山的幽兰，目前尚不为多数人所认识，因此希望将来这一茶区象东升旭日一样蒸蒸日上，名扬天下，故称之为"东旭"。

东旭茶的特征是：条索紧结明亮，汤色黄绿明亮，叶底黄绿匀整，苦涩不显，汤质滑甜，回甘较好，有山野气韵。其最突出的优点是汤质滑甜感很好，这应该是与其生长于山石间有关。其最突出的不足是茶园周围缺乏森林，生态环境不够好导致山野气韵不足。

茶样：2009 年东旭老树茶

工序：晒青生茶

条索：较黑亮、紧结★★★★

山野气韵：较好★★★

茶香：有山韵、纯正、杯底留香★★★★

滋味：苦涩不显、甜滑★★★★

喉韵：回甘较好、较滑顺★★★★

汤色：黄绿、明亮★★★

叶底：黄绿、匀齐★★★★

茶房茶品鉴

茶房乡位于云县南，历史上称为勐麻。茶房乡辖 16 个村民委员会，老茶树主要分布在马街、茶房、村头、响水、文乃、文茂、黄沙河等村委会，规模较大较集中在马街村委会的周家村民小组。

茶房位于北纬 24°14′，东经 100°10′，海拔 1670 米，茶园多分布在 1670 米至 1900 米之间。

茶房种茶历史据说已有 300 多年，但大面积种茶应在光绪二十二年（公元 1896 年）。这一年云县绅士石峻从勐库购得茶籽 30 驮在茶房一带推广种植，此后茶房茶叶生产得到了很大发展。

茶房茶特征是：条索较紧结较黑亮，杯底留香，苦涩不显，其中苦又显十涩，苦涩退得较快，回甘尚可，汤质尚可。

茶样：2009 年茶房散茶

工序：晒青生茶

条索：较紧结较黑亮 ★★★★

山野气韵：较强 ★★★★

喉韵：回甘尚可 ★★★

茶香：有山韵，纯正，杯底留香 ★★★

滋味：苦涩不显，苦涩退得较快 ★★★★

汤色：金黄、明亮 ★★★★

叶底：黄绿、匀齐 ★★★★

凤庆香竹箐茶品鉴

　　凤庆香竹箐的出名无疑是因为那棵号称有 3200 年的古茶树。

　　香竹箐隶属凤庆县小湾镇锦绣村，其东北方直线距离几千米就是澜沧江，香竹箐古茶园也属于澜沧江流域古茶园中最靠北的古茶园之一。

　　香竹箐村的周围有很多茶树、茶园，以现代台地茶为主，老树茶主要分布在村旁及村外地埂上，古茶树主要分两类，一类是栽培型，以勐库种为代表，树型相对小一些，干径多在 10 厘米上下，树高在 2 米左右。另一类是本山茶或称大山茶的驯化型茶树，这类茶树比栽培型要粗大得多。土壤以棕黄沙土为主。

　　香竹箐位于北纬 24°35′，东经 100°04′。海拔 2230 米。

　　植物树龄测算过去多用年轮测算法，据说当年为在国际上竞争茶树原产地曾将 800 多年古茶树砍下搬到国际研讨会上作证据。香竹箐大茶树有 3200 年据说有多位专家论证，因为大茶树没有砍，还在，因此应该是用了比年轮测算法更科学的新方法吧。树龄测算有科学方法，树种测算应该也有科学方法，目前的古茶树应该有野生型、驯化型、过渡型、栽培型几种，香竹箐大茶树被定性为栽培型古茶树，定性用的是分子生物学还是基因分析方法或者是其他什么科学方法未见公布，但是据说是有很多专家认定。

　　香竹箐大茶树及其旁边的多株大茶树，其树型、叶型特征与云县、凤庆、景东一带的被当地人称为本山茶、大山茶的驯化型茶树的基本相同，其制成品

的条索、色泽、汤色、茶气、茶香、口感滋味、回甘、存放变化特征也与本山茶基本相同。

香竹箐大茶树茶的特征是：条索黑粗基本无条索状，汤色转红快，一年茶汤已转黄红，叶底黄绿尚匀，基本无苦涩，汤中

带甜，回甘较好，山野气较强，杯底留香，香型与其他栽培型有别，汤质较饱满。

香竹箐勐库种与勐库茶相似，味稍淡。

香竹箐茶与野茶

香竹箐茶与野茶及栽培老树

茶样：2009 年香竹箐大茶树散茶

工序：晒青生茶

条索：黑粗基本无条索状★★★

山野气韵：较强★★★★

茶香：纯正，较特别★★★

滋味：基本无苦涩，汤中带甜★★★

喉韵：回甘较好较甜滑★★★

汤色：淡黄、尚亮★★★

叶底：黄绿、尚匀★★★

香竹箐茶与栽培老树茶

　　平河是一个村民委员会，隶属凤庆县大寺乡，位于凤庆县的西北角，其西北方与昌宁县接壤。平河村下辖 5 个村民小组，有 700多户，以汉族为主，有白族。

　　平河位于北纬 24°47′东经 99°47′，古茶树主要分布在海拔1900~2200 米附近。平河的东北方就是澜沧江，平河属于澜沧江西南岸升起的高山部分，平河村距澜沧江直线距离只有 12 千米，在山上可以看到小湾电站关闸拦水后升起的江面。

　　平河古茶园应该是澜沧江流域古茶园中最靠北的古茶园，也是凤庆最大的古茶园之一。古茶树分布在平河村委会下属的 5 个村民小组，古茶树主要有两个种，一个是勐库大叶种，一个是当地人称"本山茶""大山茶"的当地驯化种。古茶树基本都不成片，只有新茶园有成片的。古茶树多数分布在村边及地埂上。勐库种的栽培时间从几十年到上百年，树成乔木状生长，干径多在 10 厘米上下，而本山茶有很多基部径围在 100 厘米上下的。勐库种的茶气、茶味、茶香、口感滋味与多数栽培型大叶种茶相似，茶气茶味稍显弱，应该是纬度偏高和海拔偏高的原因。本山茶多数属于驯化型茶，带有较多野茶特征，其树型、叶型与栽培型有别，制成品的条索、茶气、茶香、口感滋味也有明显区别，其条索粗且少成条索，色黑且不亮，汤色金黄且变红较快，茶香显但退化快，苦涩弱，涩尤其弱，回甘一般，汤中有甜。本山茶当地人也叫红苞茶，其得名有两种说法，一种说是因芽苞有红而得名，另一种说是因卖给蒙古人在蒙古包中泡饮而得名。似乎第一种较合理。

　　平河本山茶特征：条索黑粗且几乎不成条索状，汤色淡黄，叶

底黄绿匀齐，几乎无苦涩，重泡后有苦不涩，山野气较强，杯底香强且持久，汤中带甜，有香但香型较特殊，回甘较好，汤较饱满。干茶、汤、香、口感等有野茶特征。

勐库种则相似于勐库茶，口感和茶气稍淡。

茶样：2010 年平河本山茶散茶

工序：晒青生茶

条索：黑粗且几乎不成条索状 ★★★

山野气韵：较强 ★★★★

茶香：纯正，较特别 ★★★

滋味：几乎无苦涩，汤中有甜 ★★★

喉韵：回甘较好、滑顺 ★★★

汤色：淡黄、明亮 ★★★★

叶底：黄绿、匀齐 ★★★★